不配得感

我们为什么会破坏自己的成功和快乐

全国百佳图书出版单位
APCTIME
时代出版传媒股份有限公司
安徽人民出版社

[美] 盖伊·亨德里克斯 / 著

苏 西 / 译

目　录

序言　跃向你的天赋地带

当一名译者，幸福的时刻有很多很多，其中之一，就是从一本好书中"挖掘"出另一本好书，并且亲手翻译，把它带到读者面前。

大家现在看到的这一本，就来自这样的机缘。当时，我正在翻译一本讲自我破坏的小书，作者在书中援引了一个叫做"上限理论"的观点，即我们每个人心中都有一个对幸福的容量上限，一旦幸福感（或愉快的感受）超出了这个限度，我们就会有意无意地做点什么，把事情搞砸，这样一切就可以又落回到熟悉的舒适区了。

什么？这简直是我听到过的最拧巴的事！人人都想追求更多的幸福和快乐，不是吗？谁不想拥有更多美好的感受？怎么可能在好事即将发生的时候，亲手把它破坏掉？

这简直是匪夷所思。

震惊之余，我不得不承认，这个理论引发了我强烈的好奇。于是，我化身福尔摩斯，开始搜寻一切蛛丝马迹：这个上限理论的提出者名叫盖伊·亨德里克斯，是人际关系与身心疗法领域的资深专家，同时也是高管教练、畅销书作者，他专门写了一本书来阐释这个理论，书名叫做 *The Big Leap*。

直译过来，就是《巨大的飞跃》。亨德里克斯为它定下的副标题是《克服你隐藏的恐惧，将人生带向更高的层次》。

啊，原来书中谈到的还不只是上限问题呢。上限的根源是我们内心中隐藏的恐惧，克服了上限问题，也就是作者所说的"实现巨大飞跃"，是为了将人生带向新的高度。

我当即买了一本原版书，然后向与我合作多年的蓝狮子编辑团队大力推荐。和之前无数次的顺畅合作一样，我们一拍即合，于是，它的中文版就顺利地来到大家面前啦。

在这本书中，作者详细阐释了上限问题的运作原理——也就是我们为什么会破坏自己的成功和快乐，随后他提出了具体的解决方法，教我们如何在日常生活中及时识别并超越上限，不再束缚自身的潜力，从而在人生中收获非凡的富足、爱与创造力。

不过，作者并没有止步于此。他提出了一个更为深刻的问题：超越上限之后，我们要去往哪里？或者说，什么才算是人生的终极成功？

当你抵达生命终点、想知道自己这辈子活得到底值不值的时候，你会把"有没有运用上天赐予你的天赋，做到你能做到的一切"当作衡量标准。

人生的目标不在于达成某种想象出来的理想状态，而在于找到并充分运用了我们自身具备的天赋。

　　这就是作者给出的回答。

　　他还说道："**在内心深处你很清楚，除非稳稳地驻扎在自己的天赋地带，否则你永远不会真正感到满足。**"

　　什么是天赋地带？这个地带意味着什么？每个人都有自己的天赋地带吗？我该如何找到它？

　　相信你和我一样，在看到这四个字之后，心里会蹦出一连串的问题。别着急，所有这些提问，在这本书中都能找到解答。

　　提问，正是这本书的特色之一。除了面对自己心里蹦出来的问题，你还要面对来自作者的一连串提问。读这本书，就像是在与作者本人对话。他仿佛坐在你对面，背后是一扇明净的大窗，微风从半开的窗外吹进来。他会一个接一个地给你讲故事，还会给你提出一连串的问题。你一边琢磨，一边望向窗外高远的晴空。有些问题简单得好笑，简直想都不用想，你的反应多半是："真有这种好事？谁会不愿意啊！"（相信我，越是这样的问题，反而越需要深思。）还有些问题，则需要你在"后台一直运转"，思考好几天，才能勾勒出答案的轮廓。而这些答案，是唯有你自己才能给出的。

　　是的，这不像是在阅读，而像是在做一场教练约谈。

　　因为作者盖伊·亨德里克斯不仅仅是毕业于斯坦福大学的心理学博士、执教二十多年的大学教授，同时也是一位专业的高管教练，曾帮助惠普、摩托罗拉等大型企业的高管团队创造出色的业绩表现。在前言中，他就分享了当年为迈克尔·戴尔（对，戴尔电脑的创始人）做教练的经历。

适时运用启发式的问题，帮助客户扩展认知、唤起觉察、探索自身，进而促进行动，做出改变，获得成长，这正是一名出色的教练该做的事。

当一名出色的教练决定写一本书，把他对自己这辈子不断思考和践行的东西分享出来，把他对这个主题所知道的一切都解释清楚的时候，这样的书需要我们珍重对待，这样的阅读体验不可多得。

奇妙的是，在发现这本书的时候，"教练"二字对我来说，还是一个停留在纸上的概念。而在各种机缘巧合之下，在我快要完成它的翻译的时候，我也经过了将近一年的学习，成为了一名专业教练。对于盖伊在书中提出的一连串问题，一次次向读者发出的"承诺"邀请，我忽然明白了它们背后的深意。于是，我带着对教练的理解，从头开始，把书中的每一个教练问题都重新翻译了一遍。因为，它们不再是普通的语言表达，而是满含深意的启迪。

从上限问题到天赋地带，这是一个巨大的飞跃。让我们来看看盖伊如何解说两者间的关系：

当你朝着更大的成功、更多的爱、富足和创造力直奔而去的时候，你会遇到上限问题。依我看，这是你唯一需要解决的问题。不过，虽然这个问题很有挑战性，但里面隐藏着一个无价的礼物。随着你不断地探索和解决这个问题，礼物会一点点地显露出来。这个礼物是一种非常特殊的关系：你与内心中的天赋之源建立起了充满生命活力的联结。

你愿意超越上限，解开束缚，勇敢地跃向自己的天赋地带吗？

期待你的回答。

苏西

2024.12

前言　最后一道障碍

一个大问题挡住了你

我把这个问题叫做"上限问题"（Upper Limit Problem）。在我认识的人里面，没有一个人不曾受到它的困扰。即便你已经极度成功，我也敢说，专属于你的上限问题依然在拖累着你，阻拦你发挥出真正的潜力。事实上，你取得的成功越大，识别并解决你的上限问题就变得越发紧迫。如果你不把上限问题这个障碍从人生道路上清除掉，它会一直挡在你面前，直到你死去的那一天。我知道，这些话非常坦率直白，但是，如果我们的位置对调一下，我会希望你也能这么坦率地对待我。

我曾经冒着风险，对许多相当成功的人坦率地说出上面那番话。我之所以这么做，并不是因为他们付我咨询费，而是因为这正是我人生使命的一部分：帮助人们迈出决定性的最后一步，把自己的潜力充分发挥出来。迈克尔·戴尔（Michael Dell），戴尔电脑的创始人，也是世上最年轻的白手起家的亿万富翁之一，可谓是我认识的人中最聪敏的一个。在20世纪90年代，我有幸给他和他的团队成员做过高管教练，当时正逢戴尔公司突飞猛进的时期。我最欣赏迈克尔的一点就是他对学习的开放心态。在我认识的高级管理人员中，许多人的防备心也重得很，而且特别希望自己时时正确。但迈克尔不是这样。当新的学习机会来到面前时，他从不踩刹车。许多首席执行官（CEO）会拒绝变化，继续做那些显然行不通的事情，但他不会。

迈克尔张开双臂，迎接每一个成长机会，他那令人瞩目的成就就是明证。在我们即将一起展开的探索中，我希望你也能保持这样的开放心态。

迈克尔·戴尔并不是生来就具备这种能力的。没有一个人天生如此。面对学习，想要做到他那种程度的、毫不设防的开放，我们必须像专业的滑雪运动员或大提琴家那样，去刻意练习。为了实现如迈克尔·戴尔的那种重大飞跃，我们必须要练习一种专门的技能。这个技能就是：无论我们在何时何地遇到自己的上限，都能识别并超越它。

通过本书，我们将会不断磨炼这项技能。正如迈克尔和其他一些人认知的，上限问题是我们需要解决的唯一问题。他们全身心地投入进去，解决了它，实现了重大的飞跃。结果如何？大家有目共睹。

在通往天赋地带（Zone of Genius）的路途中，迈克尔这些人学到了一个改变人生的秘密，而你马上就会通过本书学到它：压在他们头顶上的那块玻璃天花板，其实只有一根柱子在撑着。这根支柱是一个他们并不知道自己有的问题。一旦看见了这个问题，也知道了如何解决它，他们就自由了，从此可以超越普普通通的成功，跃迁到一个全新的层级，在人生中收获非凡的富足、爱与创造力。

一旦你看清了这个问题，也知道了如何解决它，你能做的远不只是增加金钱方面的财富而已。你感受到的爱、表达出的创造力，其数量都将发生跃迁式的增长。我之所以要提到这一点，是因为我已经明白，当你在物质方面收获了越来越多的成功时，在心灵方面——比如爱和创造力——也要同步保持平衡才可以，这是极为关键的。若是你在金钱方面取得了飞跃式的成功，却牺牲掉了人际关系、内在的自我感，也失去了与内心中创意源泉的联结，这就毫无意义了。很多很多人都犯过这个错误，结果从来都不好受。当爱、金钱与创造力能够和谐地齐头并进，人生才处于最佳状态。

通过本书，我想和你直接对话，就好像你坐在我对面，我们在做一对一的交流一样。我可能还不认识你，但根据多年的咨询经验，我相信我了解你的很多事。我能想象到，你感到自己身上蕴藏着很多很多尚未发挥出来的潜力，你也知道自己能够取得非凡的成功。我还能想象到，你仿佛能够看到、闻到、品尝到终极成功的滋味，可你也害怕自己没能力实现它。如果你有这种感受，说明你正站在一扇大门前——或许这正是你一生中最大的机会。你很快就要发现一件事了，这个发现能将隔在你和终极成功之间的障碍移走。我之所以敢对你这样保证，是因为早在我帮助别人获得富足、爱和创造力之前，我已经在自己身上做了尝试。自从我发现那个东西的一刻起，我一直在使用本书中所写的方法，把我自己的所有愿望和梦想一一变成了现实。

发现它的那一刻

第一次发现上限问题的时候，我正处在职业生涯的早期，在斯坦福大学（Stanford University）研究心理学。就在那一刻，我瞥见了顿悟的第一缕微光，而这个顿悟在日后极为深刻地改变了我的人生。事情是这样的：

当时我刚跟朋友吃完午饭，回到办公室。相聚的那一个小时里，我们谈到了各自的研究项目，聊得非常投机。我的工作进展得很顺利，人际关系也都很不错。我靠到椅背上，伸了个大大的懒腰，又长长地舒了口气，感到放松又满足，一切真是好极了。不过，没过几秒钟，我发觉自己担心起女儿阿曼达。当时她离家去参加了一个她非常喜欢的夏令营。一连串痛苦的画面在我脑海中闪过：阿曼达孤零零地坐在宿舍房间里；阿曼达因为离开家而感到孤单寂寞；阿曼达被其他孩子欺负了。我的脑海里不断出现这些画面，刚才的快乐感已消失得无影无踪。我觉得肯定有什么事不对劲，于是马上抓起话筒，拨通了夏令营宿舍的电话。宿管老师告诉我，阿曼达好得很，这会儿她就能从窗户里看到，阿曼达正在跟一群小姑娘一起踢足球呢。好心的老师告诉我，父母担心离家在外的孩子，这再正常不过，当天我已经是第三个带着同样的担忧打电话过来的家长了。"真的吗？"我惊讶地问，"您觉得为什么会这样？"她呵呵笑了，笑声中透出睿智："你没有意识到自己有多想她，所以你认为她一定在遭受什么痛苦。而且，你自己多半有过离家在外很孤单的经历，所以你就认为她必然也很孤单。"

我向她道谢，挂断了电话。我觉得自己有点蠢，但我也意识到，刚才发生了一件很重要的事。我坐在那儿琢磨起来："刚才我明明心情很好，但为什么就马上制造出了一连串痛苦的画面呢？"突然之间，觉察之光照亮了我：我之所以制造出那一连串的痛苦画面，恰恰是因为我心情很好！我心中的某个部分生怕自己多享受一会儿积极的能量。当我抵达了自己能容纳的积极情绪的上限，就会创造出一连串不愉快的想法，让自己变得没那么开心。我制造出来的那些想法会让我回到更为熟悉的、心情不好的状态。担心离家在外的孩子，这基本上是个屡试不爽的搞糟心情的法子，但我很清楚，就算担心的不是这些，我也会找出其他一大堆想法来破坏自己的心情。

　　我记得，当我把这个洞察运用到生活中其他方面的时候，比如情感关系和健康，我激动得差点手舞足蹈起来。一旦我看见了这个模式，它的运作情况就一清二楚了。在情感关系中，我会享受一段时间的亲密融洽，然后就开始批评对方，或是挑起争吵，阻断了顺畅流动的联结感。这个上限问题甚至也表现在我的饮食习惯中：一段时间内，我会吃得很健康，同时做大量运动，感觉好极了。然后在某个周末，我就会下馆子大吃一通，痛饮葡萄酒，还会熬夜。这些行为让我觉得自己脑满肠肥，反应迟钝。看，模式很简单：先是享受一段时间的愉悦，然后干点什么，把事情搞砸。我也意识到，同样的模式也出现在宏观世界中。身为人类，我们会享受一段时间的和平，然后骤然陷入战争；我们创造出一定时期的经济繁荣，然后进入衰退或萧条。我目光所及之处，全都是这个模式的证据。终于，我收拢了信马由缰的思绪，把思考聚焦到关键的一步上——每一个研究人员都会从这里开始：界定出有待解决的课题，然后提出需要回答的问题。

　　这个课题是：

　　　　我对美好的感受好像有着某种"容忍"限度。当我到达了这个上限，就会制造出一些想法，让感受变糟。不过，这个问题不仅发生在我的内在感受上。在人生的顺畅程度上，我好像也有容忍限度。当我到达了上限，就会做出点事情来，阻断积极向上的发展轨迹。比如跟前妻起冲突，陷入财务问题，或是其他一些能让我回落到限度之内的事。

我的个人生活是微观版本，这个课题本身要宏大得多。总体上说，历经了上千年的艰难挣扎，我们这个物种已经习惯了痛苦与苦难。我们很擅长感觉糟糕。我们有数百万计的神经连接，专门用来标记痛苦，在身体中心也有很大的面积来感受恐惧。当然，我们在身体各个部位也有感受快乐的触点，但是，对于持续存在的、自然涌现的良好感觉，我们的感受机制何在呢？我意识到，就在没多久之前，我们才进化出了让自己感觉良好、允许事情在一定时期内顺畅发展的能力。

我想回答的第一个问题是：

如何能让我对生活的满足感持续得更久一些？

更好的问题跳出来了：

如果我能消除那些阻挡积极能量流动的行为，那么，

我能学会让自己一直感觉良好吗？

我能允许我的生活一直都事事顺利吗？在关系中，我能一直生活在和谐与亲密之中吗？

人类这个种族能生活在持续的和平与繁荣之中吗？我们能跳出那个"当事情顺畅运行的时候，就要做点什么把它搞砸"的模式吗？

多亏了这些问题。在回答它们的过程中，我创造出了以前只敢在梦里想象的人生，与此同时，我也帮助了许多人实现梦想。在这个发现的助推之下，我从卓越模式跃入了从未想象过的非凡地带。我们养育了快乐的孩子，住在心爱的房子里，而且我很久很久没做过任何一件自己不想做的事了，以至于我都忘了那是什么感觉。如果你觉得这里面的任意一条或是每一条都听上去很不错，那么你也可以去做——方法就握在你手里。

第一章　为飞跃做好准备

上限问题的运作原理与解决方法

如何起步

如果你希望顺畅又快速地走到天赋地带，请你现在花一点时间，回答四个问题。从这个最基础的开始：

我愿意把每天内心感觉良好的时间变得更长吗？

当我用"感觉良好"这四个字时，我指的是那种自然生发的、内在的幸福感，它不依赖外在因素，比如你吃了什么，或你在做什么。你得先愿意拥有良好的内心感觉才行，这非常重要。因为，如果代价是牺牲你的内在幸福感，那么提升生活中的其他方面就毫无意义了。我希望你每天都能享受到越来越多自然产生的、深刻的身心健康的感觉。在这个问题上，如果你愿意，我很希望听到你回答"好的"。

如果你说"好的"，愿意把每天内心感觉良好的时间变得更长，那就让我们把这个问题的范围再扩大一点，延伸到整个生活中——

我愿意把整个生活顺畅运行的时间变得更长吗？

当我说到"整个生活"的时候，我指的是你的工作、人际关系、创造力，以及生活中你非常重视的方方面面。如果你愿意的话，我会希望你生活的方方面面都能朝着更加积极的方向、更加顺畅地流动起来，而且这种状态的持续时间能越来越长。

如果你对这两个问题都回答了"好的""我愿意"，那请你考虑一下，我们再迈出一步，不只是把时间段拉长：

我愿意从今往后始终都感觉良好，并让生活顺畅运行吗？

乍一看这几个问题，你可能会问："这种事谁不愿意啊？"可是在很多人看来，拥有这些积极情绪简直是不可能的。我们很容易假定，好事之后必定跟着坏事。对于这种想法，我要说："为什么不先发个愿，看看后面会发生什么？"在"可能性"的问题上，人类有着悠久且精彩的历史，不断地刷新着对它的认知。早年间，在蒸汽机车的年代，博学的科学家们强烈要求把火车时速限定在每小时三十英里。他们认为，要是车速超过这个限度，人体就会爆炸。终于有些勇敢的人冒险突破了这个限制性信念，结果发现自己并没有爆掉。在感觉良好并让生活顺畅运行的能力方面，我们差不多就处于当年对蒸汽机车的那个认知阶段。从我自己的人生体验中，我发现，如果我认定某件事不可能做成，我就会为这个限制性信念找理由，证明它是对的。如果我为这些限制找理由，我就会一直留着它们。说到底，我们需要问问自己："拼命为自己的限制找理由，会让我们得到什么好处？"在蒸汽机车的例子中，科学家们的初心是保护人们免受伤害。虽然限制性信念是错误的，但它的用意是好的。在过去这几十年里，从我与许多人打交道的经验来看，也从我自身的人生体验来看，我认为我们可以放松心态：愿意去感受自然生发的良好感觉，愿意让生活顺畅运行，这些想法并不危险。

在我看来，对上面那个问题说"好的""我愿意"，是人类所能做出的最勇敢的行为之一。生活会给人带来伤痛，方方面面都充斥着苦难，面对这些证据，还愿意自始至终都感觉良好、让生活顺畅运行，这确实是个激进的行为。如今，飞上太空的想法都已经算不得激进了，在网上就能买到票。然而在这本书中，潜入你的内心深处，也就是那个你深信不疑的、关于可能性的信念扎根的地方，是一个激进的行为。如果我们认为始终感觉良好、生活始终能顺畅运行是有可能的——哪怕可能性微乎其微——那我们就应该给自己一个机会，去看看有多少人能做到这一点。

感觉良好并让生活顺畅运行，这些都是非常棒的成果，我希望你对这两件事都能说"愿意"。不过，我认为这些都还只是铺路石，因为它们将带你进入一个真正宏伟壮观的境界！如果你愿意让自己始终感觉良好，让一切事情都一帆风顺，请你考虑这终极的一步：

你愿意勇敢一跃，在爱、金钱和创造力上都取得终极的成功吗？

梅纳德的飞跃

对于上面这个问题，梅纳德·韦布（Maynard Webb）的回答是："愿意。"直到今天，他的例子还在激励着我。我认识梅纳德的时候，他是易贝（eBay）的首席运营官，梅格·惠特曼（Meg Whitman）是首席执行官。几乎人人都知道易贝和它的强大影响力，但很少人知道，梅纳德·韦布是推动这家公司迅速成功的幕后功臣。我遇见他那会儿，他已经赢得了众人的尊敬——不只是易贝的员工和股东，还包括全世界高科技企业的高管们。然而在我看来，他还处于自己的"卓越地带"，而不是"天赋地带"[1]。当时他已

1 关于"卓越地带"和"天赋地带"的概念，作者会在第一章末尾做详细的阐释。（本书注释若无特别指明，均为译者所加。）

经挣到了丰厚的身家，可以轻松地躺在功劳簿上睡大觉了。但梅纳德·韦布不是这种人。

他选择勇敢面对自己的上限问题，实现了重大的飞跃，进入了天赋地带。他看到，留在易贝就等于留在自己的舒适区。而舒适区不是梅纳德·韦布这样的人愿意待的地方，我希望你也一样。你真正的家园，还有梅纳德的家园，都在"天赋地带"里。唯有在这个地带，我们才能淋漓尽致地赞美并表达上天赐予我们的天赋。

梅纳德的飞跃把他带出了那个帮他挣得了财富的、狭窄的舒适地带，进入了一家寂寂无名的初创企业Live Ops，这家公司在客户服务领域做出了革命性的创举。身为Live Ops的首席执行官，梅纳德愉快地知道，当他每天推开办公室大门的时候，就推开了一个全新的疆域——不只是他自己的，也是世界的。他充分发挥了自己的潜质，用上所知的一切来更大程度地改变世界。

现在，咱们来看一个与梅纳德形成鲜明对比的故事。之前我并不认识这位主人公，直到他迎头撞上了自己的上限问题。理查德·乔丹（Richard Jordan）博士创立了一家成功的小公司，被一家大企业看中了。这家企业给他开出了三百万美元的收购价，外加一份慷慨的两年聘任合同。经过数周的谈判后，双方就要签约了。有天早上，乔丹博士醒来之后，忽然想到有几件事还没谈妥，最主要的一条就是，新合同给他的假期比他之前的少了两周。关于这条细节，他跟对方的谈判负责人展开了怒气冲冲的对峙。结果，对方发来一纸公函，上面说，"鉴于您的激烈言辞"，他们对这场并购不再感兴趣了。

在写给我的信中，乔丹博士说："在那通电话里，我对三百万美元的现金、薪水和激励说拜拜了。"幸运的是，乔丹博士从这段经历中学到了经验。他在信中继续写道："在接下来的几年中，我经常半夜里醒来，心口就像堵了个东西似的。但后来我终于找到了蒙尘的钻石。经过了许多思考和内省，我发现，我其实是在对那个人说，'等等！三百万美元啊！这比我的价值高多了，我可没法容忍这个！'"用他的话说，他决定把这段经历当成"一个三百万美元的礼物"。他给自己的后半辈子提出了两个问题：

我允许自己得到多少爱和丰盛的收获？

我是怎么挡自己道的？

这两个问题为他扫清了"上限"的障碍，最终他把自己的公司卖给了另一个买家。在金钱上，这个故事得到了皆大欢喜的结局。但更重要的是，乔丹博士让我们看到，通过理解上限问题在这种局面中的运作方式，他将尘埃变成了钻石。如果换一个人，很可能会继续谴责那个买家，或是谴责自己，最后走上苦涩与绝望之路。相反，乔丹博士具备问出宏大问题的洞见与勇气，最终品尝到了随之而来的巨大回报。

聚焦到你身上

现在，我们把注意力转回到你的身上。对于我在本章开头提出的这三个问题，你回答了"愿意"吗？如果你点了头，你就已经迈出了这趟旅程中最关键的第一步。如果你摇头了，或是说了句"或许吧"，那就让我们来看看你为何会拒绝这些想法。

当你思考"持续不断地感觉良好""人生始终能顺畅运行"的可能性时，你或许会发现自己在想，"这不可能啊。"如果是这样，我很理解。以前我也是这样想的。不过，我想提醒你，别把太多宝贵时间浪费在担心可不可能的问题上。我已经确凿无疑地证实了它的可能性。唯一相关的问题就是，你愿不愿意让它在你的生活中成为可能。如果你愿意接受这个可能性，你就踏上了一条正道，从此可以在人生中体验到真正的神奇。

我已经问过了数以千计的人，是否愿意一直感觉良好并在生活中一帆风顺，而且我也带着巨大的喜悦见证了，当他们说出"愿意"之后，人生中都发生了什么。我也衷心希望你能乐享同样的成果，而这一切都始于一句真诚的"是的""我愿意"。

如果你感到抵触，想深入探索一下自己的想法，你可以从这里开始：告诉自己，你这么想是相当自然的。毕竟，在有意识地培养"感受越来越多积极能量"的能力上，人类的经验十分稀缺。在小学或大学，没有一门课程教我们"如何接纳更长久的成功和良好的内心感觉"。每每想到这一点，我就觉得不可思议：我们一路从幼儿园念到硕士或博士，却没有一个人提过如此根本的议题。但这就是我们现在生活的世界。不过，我们就要改变它了，而且在改变的过程中，我们将会获得极其可观的收益。

你之所以对解决上限问题有抵触，可能还有一个更大的原因。就我个人而言，我发现，我最大的抵触来自"害怕拥有自己的全部潜力"。深入探索这份恐惧的时候，我发觉，做出一个这么郑重的承诺，让我有种孤注一掷的感受。要是没能实现目标，我给自己找的一切借口都站不住脚了。在这之前，我总是可以说："嗯，我没做到，但我其实没怎么努力。要是我真的努把力，没准就做到了。"或者说："我没干成，但要是我没生病的话，或许就干成了呢。"可现在做过这个承诺之后，任何一个蹑手蹑脚溜进来的理由都显得那么苍白，甚至有些荒谬可笑。这就好比哥伦布驾船回到欧洲，说："哼，我们没找到新大陆，可要是我没得那场倒霉的感冒，没准就发现了啊。"

我们的很多恐惧都源自小我——这个小我一门心思想着被获得

认可，还要保护我们免遭社群排斥。可是在天赋地带里，小我派不上用场了；活在那个地带，本身已是最大的报偿。在天赋地带里，你不再在乎他人的认可或排斥。一旦你做出承诺，决定全身心地活在自己的潜能之中，你的小我立即感受到了生存的威胁。半辈子以来，它一直在帮你寻理由、找借口。现在，如果你下定决心，想要勇敢地飞跃出去，你的小我就该被请到门口了。除非你很幸运，否则你的小我多半不会乖乖走掉。它已经为你工作了半辈子了啊。

在这性命攸关的时刻，你的小我会扔出一颗名叫"恐惧"的烟幕弹。它要给你讲一堆夸张的故事，来破坏你的决定：要是你胆敢飞跃到天赋地带，必定要遭遇许多可怕的事情。它把这阵恐惧的烟雾变成一张大银幕，就像在你内心修建了一座IMAX巨幕影院似的，把赔钱、破产等一大堆肯定要降临在你头上的灾难画面投射给你看。这一切都是可以理解的，因为恐惧总是与未知相关。这是一片未知的疆域。你的小我从来没有面对过这样的窘境。但恐惧必定会消散的，因为当你全身心投入到天赋地带之中，恐惧就会消失无踪。不过，在你还没抵达那里的时候，你会发现自己不止一次地感到困惑。幸运的是，这片疆域已经有了地图。会有工具帮你找到抵达之路的——虽然它跟你以前用过的任何导航工具都不大一样。

抵达之路

只有一条道路能够穿越恐惧的迷雾——把它转化为欢欣雀跃，让一切重归清明澄澈。我听到过的最有智慧的话是来自医学博士弗雷德里克·皮尔斯[1]，那位精神病学家、格式塔疗法的创始人。他说："恐惧即是屏住呼吸的兴奋。"这句引人深思的话是这个意思：引发兴奋和恐惧的机制是一模一样的，通过深长而充分的呼吸，任何恐惧都可以转化为兴奋。反之亦然，如果你屏住呼吸，兴奋也能迅速转化为恐惧。在受到惊吓时，我们绝大多数人都想努力摆脱那种感受。我们以为，通过否认或忽略就能摆脱那种感受，于是我们屏住呼吸——因为这就是身体层面表达否认的方式。

但这个方式从来都不管用。正如皮尔斯博士指出的，你越是屏住呼吸，恐惧就越发浓重。我能给你的最佳建议就是，当你感到恐惧时，深深地、从容地呼吸。去感受这份恐惧，而不是假装它不在那里。用深长的呼吸来庆祝它，就如同你庆祝生日时所做的那样——深深地吸一口气，然后吹灭面前蛋糕上的所有蜡烛。这样做，你的恐惧就会转变成兴奋。多做几次，兴奋就会转变成欢欣雀跃。我发现，当我知道原来我可以掌管人生中的欢欣感受时，一种

1　弗雷德里克·皮尔斯(Frederick Perls, 1893-1970)，有时也译作弗里茨·皮尔斯，德国著名心理学家、精神分析师、心理治疗师，格式塔治疗之父。

力量感油然而生。我相信你也会有这种感受的。

　　当你抵达生命终点、想知道自己这辈子活得到底值不值的时候，你会把"有没有运用上天赐予你的天赋，做到你能做到的一切"当作衡量标准。在我小时候，隔壁邻居莱文先生给我上了极有智慧的一课，五十多年来，我一直牢牢地记着。人生的目标不在于达成某种想象出来的理想状态，而在于找到并充分运用了我们自身具备的天赋。即便在一个十岁的孩子听来，那句话的意思也十分清晰易懂。（那个小孩早就该对莱文先生说句谢谢。我认识他的时候，他已经是七十多岁的成功商业人士了，感谢他在佛罗里达的很多个下午，愿意陪一个对哲学问题感兴趣的小孩闲聊。）

迈过最艰难的部分

　　如果你说了"是"，愿意勇敢一跃，那么你已经迈过了最艰难的部分。你愿意坚持到底，走到自己的天赋地带，这个真挚的承诺会打开奇迹花园的大门，也就是我们即将在本书中探索的园地。你为自己设下了限制，阻拦自己取得终极的成功，而我会告诉你如何破解这个限制。如果你已经相当成功了，却依然感到前方似乎还有一个量子跃迁级别的改变在等待着你，那么你也完全可以借助本书中的工具来实现这个跃迁。我敢跟你打包票。这种保证听起来可能有点过于大胆，但上百个已经取得了不错成绩的成功人士在学会了这套方法后，都实现了重大的飞跃，完成了从普通成功到非凡的蜕变。在后文中我们会见到好几个例子，其中有些人很出名，有些并不出品，但他们都有一个共同点：他们都学会了我即将教给你的东西，然后把普普通通的成功提升到了从未想象过的层次。

上限问题的运作原理

下面我来详细说说上限问题是如何阻碍我们的。

我们每个人的内心都有一个"自动恒温调节器"，它决定了我们能允许自己愉快地接受多少爱、成功和创造力。当所得超过了这个内在恒温器的设置，我们往往就会干出点自我破坏的事儿来，让自己掉落到原有的舒适区里，因为在那儿我们感到安全。

不幸的是，这个恒温器的设置往往在童年早期就完成了，而那个时候我们还没学会独立思考。一旦设置好了，这个上限恒温器就开始阻碍我们接受本应属于我们的东西——全部的爱、金钱上的富足，还有创造力。它把我们留在胜任地带或卓越地带（后者已经是最好的情况了）。它拦住了我们，不让我们生活在人生旅程的终极目的地，也就是我们的天赋地带。接下来，我们会来详细探讨这几个地带。目前你只需要知道这些就行了：如果你在人生中的某个领域实现了令人惊叹的飞跃，比如说金钱方面，上限问题马上就会使出"内疚"这个手段，把这条湿乎乎冷冰冰的羊毛毯子蒙到你头上，不让你尽情享受这崭新的丰盛感觉。内疚是心灵的一个招数，它能把管子掐住，不让我们的美好感受自由奔流。

在我们的童年时期，被误导的利他主义成了上限问题滋生的温床。说得具体点，这主要是因为我们想照顾别人的感受。小孩子能无比敏锐地读懂身体语言。或许你察觉到，当你表现得比兄弟姐妹们更出色时，妈妈脸上的笑容消失了。你马上就学乖了——为了照顾妈妈的感受，你得往回收一点儿，不要那么出彩。许多年之后，当你已经成年，你或许会发现同样的模式依然在运作——尽管妈妈已经不在身边，你已经不需要再保护她的感受了。在下一章中，我们会非常详细地分析上限问题的底层机制。

一个激进的观点

我们来近距离地看一看内疚是如何与上限问题联动的。当我们感觉很好的时候（或是挣到了一笔额外的钱、在关系中感受到了深厚的爱意），内疚就会浮现出来。感觉很好的时候，我们很可能会触碰到由旧信念组成的隐秘壁垒，比如"我不应该感觉良好，像我这种从根上就有缺陷的人不配有这种感受"。当这两股强大的力量发生了冲撞，激起的泡沫就成为内疚的主要成分，化作那种恼人的、痒痒的、毛毛雨一般的内心感受。

当旧信念与你正在享受的积极情绪发生冲撞的时候，必然有一方要取胜。如果旧信念赢了，你就会调低积极情绪（或是损失一部分钱、与伴侣发生伤感情的争执）。如果积极情绪赢了，祝贺你！你在"提升对积极能量的容纳能力"方面所做的练习见到了成效。每次有意识地去愉快地享受自己挣来的钱、感受到的爱、表达出的创造力的时候，你的容纳能力都会提高一点点。随着对愉快感受的容纳能力越来越高，你的金钱、爱、创造力也会越来越丰盛。

让我们花一点时间，来细品一下这个想法有多么激进。绝大多数人认为，等到自己拥有更多钱、更好的关系、更多创造力的时候，就终于可以感觉良好了。我理解这种观点，因为前半辈子我就是这么想的。然而，当我们终于发觉，我们把道理全搞反了的时候，那一刻心中的震撼是多么强烈！人人都能在现时当下感受到积极的情绪，并培养对它的容纳能力，而不是等到某些期盼已久的事情发生之后。

如果你把心神集中一会儿，肯定能发现一些现在就让你感觉很好的事情。你的任务就是，把全部的注意力放在这种渐渐蔓延开来的积极情绪上。这样做的时候，你会发现，你越是关注它，它扩展得就越远。让自己尽情享受这种美好的感受吧，能享受多久，就享受多久。

　　多练几次之后，你就可以把这个激进的欣赏之举运用在其他方面，比如金钱和爱。不要等到挣得了全部想要和需要的钱之后才感觉愉快，现在就去感受愉快，感谢你能拥有现在的金钱。这只需要几秒钟。体会一下，当你对拥有的金钱感到开心和满足时，这种美好的感受发生在身体的哪个部位。把全部的注意力放到那里。如果你感受不到身体哪个部位感到满足，那就在脑海里创造一个积极的想法。比如："我享受我拥有的金钱。"或者"我总是能有足够的钱，来做我想做的每一件事。"

　　在爱的领域里也试试看。别再把关注点放在孤独上，或者放在停滞不前的关系上。去体会一下，自己身上的哪个地方对你此生拥有的爱感觉很好。把你全部的注意力放在那个能感受到欢悦或满足的地方。随着你把觉知放在那儿，去感受那些美好的感觉渐渐延展开来。这个练习做得越来越娴熟之后，你会发现，你的积极情绪、金钱方面的富足程度，还有你拥有的爱和创造力都开始渐渐地向外延展。随后，你人生的外在层面也会开始改变，以配合你内在逐渐扩展的美好感受。

　　由于极少有人明白上限问题的运作原理，所以大多数人都相信自己从根子上就有缺陷，没有追求卓越的命，或者就是简单地认为自己不够好，不配去实现心中的梦想。还有些人错过了巨大的成功机会，却归咎于运气坏或时机不对。上百万人卡在困境之中，离目标只有一步之遥，却难以将之实现，似乎无法翻过人生的高墙，或者在玻璃天花板之下苦苦挣扎。但实际上，这个天花板完全在他们掌控之内，正等着被他们挪走。不过，好消息还是有的：你没有缺陷，也不是运气糟糕，更不是其他任何问题。你只是遇到了上限问题，而且这个问题在眨眼之间就能解决掉——如果你掌握了正确的工具，也有解决它的意愿的话。

下面让我们来深入地看一看上限问题是如何把我们困住的。

当你挣到了更多的钱，体验到了更多的爱，或是吸引到了更多积极正面的关注，并因此要突破你的上限设定的时候，你就会触碰到自己的上限开关。在内心深处，一个小小的声音说道："你怎么可能感觉这么好呢"（或者是："你不可能挣到这么多钱""你不可能得到这么幸福的爱"）。不知不觉间，你就会做点什么，好把自己拉回到熟悉的设定中去。即便你确实达到了耀目的新高度，往往也不会持久。

如果你想要一些真实世界中的证据，就看看对中彩票的人的相关研究吧。一项研究发现，超出百分之六十的彩票中奖者在两年内就把奖金挥霍一空，又回到了没中奖时的财务状态。有些人甚至变得比中奖之前还穷。除了金钱方面的不幸，很多很多大奖得主还会离婚、家庭不和睦、跟朋友发生冲突。这里有一个经典的上限问题案例：很多人都研究过一个名叫杰克·惠特克（Jack Whittaker）的男子，因为他中了三亿多美元的彩票大奖，随后却遭遇了一连串的灾难事件。他还惹上了一身官司，朋友、家人和其他人提交的诉状有四百多起。讽刺的是，赢得三亿多美元大奖的时候，他已经是百万富翁了，所以很显然，新到手的巨额财富把他推到了上限问题的极值之外。

我们每个人都有无意识地确碰上限开关的倾向，我们每个人也都能彻底消除这个倾向。我们有资格去体验一波接一波更浓烈的爱、更澎湃的创造力、更富足的金钱，同时不会带着自我破坏的冲动。这就是我希望你得到的，我也希望你想得到这些。如果你想彻底解决自己的上限问题，也就是说，如果你愿意做出承诺，把它从意识中清除掉，那么这条路你已经走过了半程。

功成名就的大人物也会遭遇上限问题

当年，年轻的比尔·克林顿（Bill Clinton）排队参观白宫。他跟一个服务人员闲聊起来，说："有朝一日我要当上总统，住进这里。"他实现了这个目标。但随后他的上限问题浮现出来。他卷入了性丑闻，遭到弹劾，名誉扫地——他亲手破坏了自己取得的成功。他没能理解自己的上限问题，而这个问题令他没能充分地享受自己在美国历史上的地位。

下面还有一些名人遭遇上限问题的例子。约翰·贝鲁西（John Belushi）迅速蹿红，在巅峰时期，他出了一张排行第一的专辑、拍了一部票房第一的电影，还拥有一档大热的电视节目。但没多久，上限问题就攫住了他。他自毁的速度就像蹿红时一样快。还有鲍里斯·贝克尔（Boris Becker），年仅17岁就拿下了温布尔登网球锦标赛冠军。可奖杯还没焐热呢，上限问题就来了。他决定炒掉自己的教练，那个把他送上冠军位置的人。次年，鲍里斯差点没能去成温布尔登比赛，后来被排名第七十一位的选手击败。演员克里斯蒂安·贝尔（Christian Bale）主演了蝙蝠侠电影《黑暗骑士》（The Dark Knight），这是电影史上首映票房最高的影片之一。在伦敦举行的首映式上，他在酒店房间里与人爆发了冲突（和他母亲与姐姐），最后以袭击罪被起诉。

人们常常先取得重大突破，然后就干出点什么事儿，不让自己开开心心地享受这个成果。有人在工作中得了奖，然后当天晚上就跟配偶爆发激烈的争吵。有人得到了梦想中的工作，随后却生了病。有人中了彩票，结果遇到事故。新到手的成功触发了上限问题的开关，于是他们迅速地跌落回熟悉的设定中。

我的太太凯瑟琳，还有我，跟邦妮·瑞特（Bonnie Raitt）是二十多年的老朋友了。我们非常开心地见证了这位艺术家的不断蜕变。在勇敢飞跃、实现自己的终极成功方面，她是一个绝佳的榜样。虽然如今她安全地生活在天赋地带，但走到那儿的道路却漫长而艰难。在职业生涯的前半部分，邦妮已经是一位出色的布鲁斯音乐家了。她的布鲁斯专辑很少登上热卖金曲榜，但品质足以让忠诚歌迷们相当满意，她的演出也是座无虚席。不过，就像布鲁斯音乐圈里她的许多偶像一样，多年来她也在和毒瘾和酒瘾作斗争。和心魔作战消耗了她大量的精力，直到戒瘾成功之后，她才实现了重大飞跃。她的两位好朋友，史蒂维·雷·沃恩（Stevie Ray Vaughan）和约翰·希亚特（John Hiatt）给她带了个好头：他们成功完成了十二步计划，戒掉了瘾头。最终她也下定决心要戒断毒品和酒精，就在此时，真正的奇迹开始了。

　　带着戒毒后获得的全新能量和清醒状态，邦妮审视了自己的职业生涯，然后做出了一个性命攸关的决定。她打算跳出"出色的布鲁斯音乐家"这个陷阱。她做了一个有意识的选择：投入主流摇滚乐这个更大的世界中。她听见了自己内心深处响起的歌声，那些乐音不符合布鲁斯的传统主题、韵律和音调。于是，她满怀感情地对布鲁斯世界的友好局限说了再见，勇敢地跃入了未知。她录了一张新风格的专辑，也开始跟着一支新乐队上路演出。在冥想中，她看见自己站在格莱美奖（Grammy Award）典礼的舞台上，接过音乐界为她的新歌颁发的奖杯。她甚至在脑海中看到了自己在领奖时穿的礼服。没过多久，她真的站在了舞台上，接过了新专辑*Nick of Time*为她赢得的格莱美奖杯。这张专辑后来大卖了数百万张。如今她已经斩获九座格莱美奖杯，大型演唱会一票难求，专辑销量高达百万。天赋地带的力量有多么强大，这就是活生生的证据啊。

从俱乐部到体育馆，这是一个巨大的飞跃，但邦妮勇敢地冒了这个险，并收获了丰厚的回报。不过，除了那么多的格莱美奖项，以及其他物质方面的收益，她还获得了一个重大的成就，这纯粹属于灵魂层面的礼物：生活在天赋地带，给她带来了深深的满足感。这就是我希望你体验到的。在内心深处你很清楚，除非稳稳地驻扎在自己的天赋地带，否则你永远不会真正感到满足。少做就等于退缩，而很久以前，你曾经与宇宙握手约定，说你绝对不会有所保留。然而，取得寻常意义上的成功会让人感到舒适，这是一种强大的诱惑，它会诱使我们接受现状。在那种舒适状态里，你很容易忘记当初与宇宙做出的、要充分发挥自身潜力的约定。

解决上限问题，放自己自由

由于它的天生特性，上限问题没办法在普通的意识状态下被解决掉。如果能这么做的话，你老早就把它给解决了。唯有在意识层面做出飞跃，才有可能解决上限问题。一旦学会了这种解决问题的方法，你就得到了一个随时随地都能运用的工具，帮助你取得更多、更大的成功。

人们解决问题的常规思路是这样的：收集信息，或是用一组信息替换掉另一组。但在解决上限问题的时候，这种做法行不通了。面对上限问题，我们需要"消解"它，而不是"解决"它。你需要用激光束般的意识照亮上限问题赖以存在的基础，从而将之消融和化解，因为那些支柱是不真实的，站不住脚。当意识之光照在上面，它们就会消失不见。然后你就自由了。你可以振翅高飞，尽情探索，安居在你真正的家园里——那片无边无际的、代表着你的终极成功的辽阔地带。

我们在这世上做出的各种各样的行为，可以划入四个地带：

不胜任地带

划入"不胜任地带"行为的，全都是我们不擅长的那些事。在这些事情上，别人比我们做得好多了。令人惊讶的是，有很多成功人士坚持要浪费时间和精力，做这些自己毫无天分的事情。当你运用本书中的工具去觉察自己的时候，你可能会惊讶地发现，自己在这个地带里耗费了多少时间。把自己从这个地带解救出来之后，你会得到丰厚的奖励，那是一种全新的、棒极了的感受——对生活充满了干劲和热情。

对于不胜任地带中的绝大部分事情，最好的办法就是压根不做。把它们授权给别人，或是想想有什么创新的办法可以让你不做这些事。有个周日晚上，一个朋友给我打来电话。他名叫托马斯，是一名商业顾问，我俩时不时地一起打高尔夫。他告诉我，这个周末他过得糟心透了：他新买了一台一千多美元的打印机，自己在家安装。最糟心的是，他花了四个小时跟惠普的技术支持人员通电话。我碰巧知道，在摆弄这些机器上面，他跟我一样没本事。我还知道，他的咨询收费是每天一万美元，若是通过电话给企业高管做教练约谈，收费是每小时一千美元。

我问他，跟新打印机较劲总共花了几个小时？"十三个钟头"，他的声音听上去有点窘。"嗯……"我说，"所以你花了一万三千美元，去装一台一千美元的打印机。那你装好了没有？""没有，"他说，"最后我给邻居家念大学的孩子打了个电话。他过来了，一小时就给装好了。""你付他多少钱？"我问。托马斯说："一开始他不肯要，但我强塞给他一百块。"

我忘了说，他这个糟心的周六以当晚跟太太的一通争吵而告终。你多半能猜得出他俩吵的是什么：他把那么多时间用来装打印机，而不是陪太太和家人。把这个成本加到那十三小时上，再算上一百美元的"服务费"，在不胜任地带逛一圈的费用昂贵得很啊。

从我这一辈子对人的观察中，我明白了一件事：聪明人未必不会做蠢事。我外公有句话说得妙：“陷在蠢坑里出不来。”他的意思是，有些人一遍接一遍地做相同的蠢事，却没有从中学到任何东西。当我头一回意识到自己在不擅长的事情上耗费了多少时间和精力的时候，就有这种感觉。如果你做了不擅长的事情，而你的用意就是想去享受它，或是想学着掌握它，那是值得的。滑雪对我来说就是这样。我在佛罗里达州（Florida）长大，二十三岁之前连一片雪花都没见过。在外人看来，我的第一次滑雪体验大概很好笑，但我快痛死了。我摔倒了那么多次，当晚回到家之后，身上的感觉就像是被一辆巴士来回碾了好几遍。但一切都是值得的，因为我希望有一天能体验到滑雪的乐趣。

对于我的朋友托马斯来说，整个周末被一台打印机弄得气不打一处来，可不是因为他希望有一天能娴熟地安装打印机。用他的话说，还不是因为“想省几块钱嘛”。

胜任地带

“胜任地带”里的事情，你能做得挺好，但其他人也能做得一样好。成功人士常常会发现，他们在这里花费了太多的时间和精力。没多久前，我遇到了一位四十五岁左右的女性客户，她的经历可谓是“胜任陷阱”的典型案例。琼在一家小企业里做高管，是她的医生把她转介到我这儿来的，因为这位医生觉得她的某些健康问题属于我常说的"未能实现自我综合征"。当人们没能把自己的潜力充分发挥出来的时候，往往就会身体不舒服，但症状相当模糊，也很难诊断。典型的例子就是反复出现的疲劳和肌肉酸痛。我亲眼得见，当人们开始破局而出，从非天赋地带走向能尽情发挥真正潜能的地带时，这两个症状就都消失不见了。在我们的一系列教练约谈中，琼先是跟我谈到她反复出现的疲劳症候，后来渐渐对我说起工作中一件持续了多年的烦心事。由于她很擅长组织活动，所以越来越多人找她去做岗位职责外的事情，从组织公司野餐到给其他高管安排行程，什么都有。"某个高管的助理完全会做这些事儿，"她告诉我，"但最后还是变成了我来做，因为我自己做起来比分派给别人更快，而且还用不着追着别人跟进结果。"我问她："如果以后你可以不再做那些事了，你会用腾出来的时间做什么？"她说了几件事，但没有一个能让她焕发出生机勃勃的神采。我请她再深入一点："如果待遇和岗位职责都不是问题，在这家公司里你真正想做的事情是什么？"在这里我们挖到了宝贝。"那我就不在这家公司里干了，"她说，"我会去做一个让我特别着迷的环保项目。我觉得它能做大，但是在心里琢磨和靠它谋生之间还有一条鸿沟呢。"这个想法一说出来，大门仿佛打开了。我们制订了一个计划。首先，她需要中止那些把她留在胜任地带的额外工作。她花了几周时间脱身出来，把事情授权给了别人。单是迈出这一步之后，她的绝大多数身体症状就消失不见了。她的感觉如此之好，以至于计划的第二部分出乎意料地转向了一个新方向。她决定把在这家公司的工作时间缩减到一半，然后把释放出来的精力投到那个环保项目上。时间会告诉我们她能否生活在天赋地带中，但至少她可以不用背负着"未能实现自我"的重担，也不必忍受随之而来的身体病痛了。

卓越地带

"卓越地带"里的事情，你会做得特别棒。在卓越地带中，你过上了优裕的生活。对成功人士来说，这个地带充满诱惑，而且是个更加危险的陷阱。留在这个地带中，无异于阻拦自己不要跃入天赋地带。留在卓越地带的诱惑是巨大的；对舒适的沉溺想让你留在这里。你的家人、朋友和任职的组织也希望你留在这里。在这里你是值得信赖的、靠得住的，而且你能够稳定地提供他们所需的一切，让亲友们过得丰盛富足，帮助你所在的组织繁荣发展。但问题是，如果你一直停留在卓越地带中，你内心深处那个神圣的部分会渐渐凋萎。只有一个地方能够让你真正地恣意生长、充分绽放，并且体会到深深的满足感，那个地方就是……

天赋地带

　　释放并表达与生俱来的天赋，是通向成功与满意人生的终极之路。归入天赋地带里的事情，都是极其适合你做的事，它们能让你发挥出独特的才能与优势。在你的一生中，天赋地带会不断地召唤你，而且声音会越来越大。（我给这种内在的呼唤起了个名字，叫做"天赋的召唤"。）到了四十岁的时候，我们绝大多数人已经对天赋的召唤充耳不闻，但也收到了响亮的、重复出现的警报声。这些警报以抑郁、疾病、伤痛和关系冲突的面貌出现，提醒我们要多花点时间去滋养自己与生俱来的天赋，让它在世界上施展神奇的魔法。本书中，我会告诉你该如何注意到这种召唤，并且如何以渐进的、优雅的方式走入天赋地带。

　　我之所以用"渐进的、优雅的"这两个词，是有特殊原因的。如果我们没能注意到天赋的召唤，没能以渐进的、优雅的方式进入天赋地带，往往就会遭遇生活的当头棒喝，好让我们清清楚楚地知道，我们未曾留意这个召唤。

　　我记得与比尔的一次教练约谈。他四十三岁，是一位非常聪明的创业者。长久以来，他一直无视天赋对他的召唤。比尔极其渴望从事一个新项目，但他说自己没法去做，因为公司、妻子，还有其他一些人都给他施加了很大压力。他说，要实施那个新想法的话，需要投入几个月的时间，但他们不会给他时间的。当他描述那个新项目的时候，我能清楚地感受到，这件事显然在他的天赋地带。我建议比尔尽力去推动这个项目，能做多少就做多少，哪怕每天只能抽出一个小时为之做准备。在那次教练谈话结束的时候，他告诉我会"尽量"每天抽出一小时来，但从他的表情上我能看得出，这不大可能。他说，一个月内会给我打电话预约第二次教练，"等这堆事情能放慢一点儿的时候"。那次是我们最后一次谈话，因为几周后比尔死于严重的心脏病。

我一遍遍地在脑海中回放那一个小时的谈话，都记不清有多少次了。比尔看起来极其健康。他太太是个瑜伽老师，两人都严格遵守健康的生活方式。我总是想，当时我是不是应该更强势地敦促他，好帮助他做出进入天赋地带的承诺？因为这不只能改变人生，或许还能拯救生命。我永远也不会知道答案了，但自从那次以后，我对自己做了一个承诺：做一切我能做的，让自己有更多时间待在天赋地带；同时也要积极地帮助我关心的每一个人做到这一点。

掌握了正确的工具，再加上一点点智慧，我们就能学会听见天赋的召唤，避免承受充耳不闻带来的糟糕后果。本书会告诉你如何驻扎在你的天赋地带，从每天不起眼的十分钟开始，渐渐发展到把至少百分之七十的时间都用来发挥你的真正天赋。在20世纪90年代中期，我达到了这个百分之七十的标准，在中年时期犹如重生一般，在爱、金钱与创造力三个方面都收获了前所未有、未曾料想到的成功。这就是我希望你拥有的。如果你也希望自己拥有这些，那么在后文中你会找到精准的工具，帮助你识别出自己与生俱来的天赋，并将它们在这个世界上充分发挥出来。

第二章　纵身飞跃

拆除上限问题的根基

关于上限问题，你需要知道一件很重要的事：取得了更高级别的成功之后，你往往会在生活中制造出一些戏剧化的事件，为自己的世界蒙上阴影，不让自己放心享受丰盛的成功果实。这就是上限问题的运作方式。换言之，上限问题会横跨金钱、爱与创造力这几个领域。如果你挣到了更多的钱，上限问题很可能就会跳出来，搞出点事情，制造出不幸、健康问题，或是其他某些状况，妨碍你享受这笔丰足的金钱。如果你遇到了梦想中的另一半并结为伴侣，上限问题可能会跳出来，害得你在财务方面受损。简单说来就是，你会有这么一种趋势：朝着成功的方向跃出了一大步，随即又折腾出点事情来，把局面搞得一团糟。这些乱糟糟的事儿把你拽回到原先的位置，或是比之前更差的境地。但幸运的是，如果你能及时发现自己在做什么，就能中止跌落，重新跃向天空。

看看下面这些情景有没有你熟悉的：

你挣到了一大笔钱，比如炒股大赚了一笔，或是得到了其他收入，给账户带来了可观的进项。可是，还没来得及庆祝呢，你就跟别人吵了起来，或是生了病，要么就是遇上了另外一些负面的事情，就像有一张湿乎乎的毯子，把愉快的感觉突然蒙上了。

你感受到了伴侣之间的亲密。或许你们正静静地坐在一起，啜饮着你最喜欢的红酒。但不知怎么回事，争吵突然爆发。亲密无间的感受消失了，你们之间的冲突可能持续了几个小时，甚至好几天。

你独自一人坐在办公室或客厅里，轻松又快乐。突然间，一些负面想法浮上心头。几秒钟后，你满脑子想的都是世界局势如何糟糕，或是那块地毯的颜色怎么那么难看。

给你讲个更具体的例子吧。我曾经帮助一位既富有又有影响力的女企业家在爱情关系上取得了突破。她名叫洛伊斯，当时五十五岁左右。在我们的第一次教练约谈中，她告诉我，"她样样事情都能干得很好，除了维持婚姻"。她离过两次婚，如今已经单身五年，对找到并维持幸福的爱情关系这件事几乎已经绝望。她甚至援引了统计数据：在她这个年纪，被恐怖分子绑架的概率都比找到爱人要高。洛伊斯颇为固执己见，所以我们做了好几次约谈，才解开了她心里那一大堆关于"找不到好男人"的限制性信念。终于她意识到，关键问题并不在于男人是否稀缺，因为她只需要一个就够。在一场关键的约谈中，她做出了一个坚定又发自内心的承诺：吸引到一个男士，并且维持一段健康的爱情关系。

接下来的那周刚刚开头，她打电话来取消约谈。她说，就在我们上次约谈结束后两天，她遇到了一个非常棒的男士，两人共度的这个周末简直是她这辈子最浪漫的经历。她感谢我帮助她做出改变，今后应该不需要任何帮助了。我委婉地建议她，此时正是她需要帮助的时候。我解释说，取得突破确实非常重要，也很令人激动，但接下来我们需要把这些突破性的改变融入日常生活，把它们稳定下来，这样才能实现永久的改变。她很有礼貌地听着，然后说了句"谢谢"，没约下次时间就挂上了电话。

大约六个月后，我收到了她的紧急留言，要我打电话给她。电话接通之后，我几乎听不明白她在说什么，因为她的语速太快了。我请她放缓呼吸，这会帮助她缓解焦虑，好让她把话说清楚。她告诉我，她的新婚丈夫，就是我们最后那次电话中和她共度精彩周末的男人，给她做了个投资建议，结果害得她一夜之间损失了二十万美元。他得到了一只股票的"内部消息"，可本该飞涨的股价实际上下跌了。这件"板上钉钉"的好事儿本该让她的存款一夜之间翻倍，如今却把她的财富一卷而空。

"我该怎么办？"她问，"我应该把他赶出家门吗？还是我走？要么……"

"且慢，"我说，"他之前干过类似的事吗？"

"没有。"她说。

"过去这几个月里，他的为人处世怎么样？"

"好得很，"她说，"我这辈子从没这么开心过，直到这件事发生。"

"他是做什么工作的？"

"他是个软件设计师。给很多高科技公司做咨询。"

"那他干得好不好？收入如何？"

"相当不错，"她说，"但他是个挺节俭的人，不需要巨额收入。"

"我问你个问题啊，"我说，"是什么让你觉得，你应该听取他给你的投资建议？"

长时间的沉默。终于，她开口了："噢，我的天哪。"

"你想到了什么？"我问。

"我刚刚意识到，我实在太爱他了，所以从来没想过，他也有缺点啊。"

我请她重新想想"他有缺点"的判断。我告诉她："他不一定真有缺点。你才是那个精明强干的商界人士，却选择从一个软件设计师那儿听取投资建议。"

接下来的沉默中，我几乎能听见洛伊斯咬牙切齿的声音。终于她开口说话了："真该死，你说得对。你知道我这辈子说过几次'你说得对'吗？"

我大胆地猜了猜："从来没有？"她又一次说出了那几个神奇的字眼："你说得对。一次也没有。我都不记得，我什么时候承认过别人说得对了。"

我告诉她，要是想拥有幸福的婚姻，这句话恐怕是个需要学习的有用技能；我发现，在我自己的沟通技巧中，这句话是非常加分的。在我自己的婚姻生活中，每当我说出"你说得对"这句话的时候，我就会发现，太太凯瑟琳的反应就像是听到了莫扎特的甜美乐章。

洛伊斯带着先生一起来找我了。原来，他不只是非常爱她而已，对她的感情中还带着几分敬畏。为了让自己显得更有本事，他想要在她的专精领域里面给她留下深刻印象。这个稀里糊涂的意图让他把道听途说的股票消息说成了板上钉钉的事儿。正如许多稀里糊涂的意图一样，结果往往适得其反。

约谈快结束的时候，我问了一个能照亮上限问题的问题："洛伊斯，你觉得这次的财务损失为什么发生在人生的这个时期？"

长时间的沉默。最终她说："我想是因为我现在过得比想象中还要幸福吧。然后我心里的某个部分就跳出来揪住了我，那个部分认为我不配拥有这样的幸福。我和拉里一起创造出了这次波折，就是为了找出他的毛病，好让我有个理由来结束这段关系。这一切都是因为，我认为自己不配过得这么幸福。"

"那么，"我说，"现在让我们在你和上天之间谈个新协议。你愿意在金钱和爱情两个方面都实现富足吗？"她深吸一口气，说："愿意！"

我祝贺她有了新的觉察，并且敢于做出新的承诺——愿意在金钱和爱情两个方面都感受到充盈与丰盛。

洛伊斯为我们提供了一个解决上限问题的漂亮范本。她就要走到破坏一段美好关系的边缘了，但幸而及时止步。她甚至还把这次事件转化成了一个与先生深化感情的机会。人们进入亲密关系六个月后，大问题差不多就该浮现出来了。在这个节点上，我们绝大多数人不会说："噢，我进入这段美好关系大约六个月了。我的大问题该冒出来，让我破坏这段关系了。"相反，我们绝大多数人会走到另一个极端，用后面这种方式来"欢迎"这个深化感情的机会：在对方身上逮到一个缺点或错误，然后就像拿着显微镜一样，把它放大成一个广阔的科研新领域。

有个新方法可以一试：当大问题浮现出来的时候，问问你的伴侣，看她或他是否愿意做你的旅伴，跟你一起踏上一段学习的旅程。如果回答是"好的"，那么你们会一起进入一段真正有发展前景的关系。如果她或他更在意的是"我是对的"，而不是实实在在的、真正的亲密感受，那你得到的回答就是别的词儿了。这样的话，你就翻篇吧，而且动作要快。

　　不过，现在让咱们回到最核心的问题上：上限问题是如何运作的，以及如何消除它对我们的负面影响？

是什么触发了上限问题

　　上限问题的根基并不稳固，它由四个隐蔽的、建筑在恐惧与错误信念之上的障碍构成。我的每一个教练客户都会发现，自己起码会有一个障碍，有些时候还会有两到三个。但我从来没遇到过四个全有的人。这四个隐蔽的障碍有一个共同点：尽管它们看上去既正确又真实，但它们建筑在既不正确又不真实的自我信念之上。我们无意识地认为这些自我信念是正确和真实的，而这正是阻拦我们的障碍。我们认定这些自我信念既正确又真实，直到觉察之光将它们照亮。随即，障碍消融，我们获得自由。这个瞬间意义深远，感觉非常美妙，我们会永远记住它。这就是获得终极自由的时刻。尽管我自己经历过，也目睹过上百次这样的欢悦瞬间，但每一次我还是会被深深打动。

我们可以从这里起步：考虑一下这种可能性，即你至少有一个阻拦你充分取得成功的障碍。请你明白，你并不孤独，有类似情况的人多的是。我就有不止一个障碍。就算你已经非常成功了，也起码会有一个阻拦你的障碍。每当你遇到那个障碍，上限问题就会被触发，问题的形式取决于你在人生早期感知到的恐惧，以及因此形成的错误信念。现在，当我们探索这些恐惧和错误信念的时候，请你认真地想一想，哪一个与你的经历有共鸣。

四种恐惧，以及相关联的四个错误信念，即是上限问题的地基。这些恐惧是从生命早期的具体情境中生发出来的，当我把这些情境呈现给你看的时候，你多半能认得出来。由这些恐惧衍生出来的信念是不真实的，它们让你对真正的自我形成错误的理解。这些恐惧与错误信念令我们仿佛生活在咒语之下，限制了我们在人生中取得成功。这些"咒语"是这样说的：

我无法发挥出全部的潜力，是因为＿＿＿＿＿＿＿＿＿＿＿＿

＿＿＿＿＿＿＿＿＿＿＿＿＿＿＿＿＿＿＿＿＿＿＿＿＿＿＿＿＿＿

＿＿＿＿＿＿＿＿＿＿＿＿＿＿＿＿＿＿＿＿＿＿＿＿＿＿＿＿＿＿。

在关系方面，你的上限咒语这样说：
我无法享受丰沛的爱与和谐的情感关系，是因为＿＿＿＿＿＿＿＿

＿＿＿＿＿＿＿＿＿＿＿＿＿＿＿＿＿＿＿＿＿＿＿＿＿＿＿＿＿＿。

在金钱与财富方面，你的上限咒语这样说：

我无法发挥出全部的财富潜力，是因为＿＿＿＿＿＿＿＿＿＿

＿＿＿＿＿＿＿＿＿＿＿＿＿＿＿＿＿＿＿＿＿＿＿＿＿＿＿＿＿＿＿

＿＿＿＿＿＿＿＿＿＿＿＿＿＿＿＿＿＿＿＿＿＿＿＿＿＿＿＿＿。

一旦你把这些错误信念移除掉，就会感受到一种全新的自由，从此你可以基于自己的天赋，创造出自己的人生。现在，我来详细描述一下这些恐惧与错误信念，目的是帮助你把它们一一除掉。

隐蔽障碍No.1：认为自己在根本上就有缺点

"我觉得自己在根本上就有缺点。"谈及这个障碍的时候，我的客户卡尔这样说道。他这句话清楚地解释了这个最为普遍的隐蔽障碍。现在咱们就来一点点地把它除掉，这样你就可以看到它是如何束缚卡尔的了。请注意他的故事是否与你自己的有相似之处。卡尔的上限咒语是这样的：

我无法充分发挥出我的创造天赋，是因为我在根本上就有缺点。

如果你心里有一种深深的、存在已久的感受，觉得自己是错的、坏的、有缺点的，你就会发现，每当你取得突破，得到了更美好的爱、更丰裕的财富时，就要跟这个问题纠结缠斗。当你超越了自己的上限设定，内心深处的一个小声音就会告诫你：你不应该这么幸福（或是富足、有创造力），因为你这个人从根本上就有缺点。这个想法会导致认知失调，也就是当你试图同时拥有两个截然相反的想法时，头脑中就会起冲突。**既然我在根本上就有缺点（或是错的、坏的），我怎么能活得这么幸福、富足、有创造力呢？** 要解决这个认知失调，你只能从下面两个方法中选一个：要么返回到你原先的设定值上；要么放下那个陈旧的、限制性的信念，稳稳地留在全新的更高层级。

最好的方法就是把觉知之光打在"我在根本上就有缺点"的想法上，把它打回原形——它只不过是一个上限"小虫"。我用"小虫"（bug）这个词儿有两层含义。它就像电脑程序里的小错误或小漏洞，因为它就是一行错误的代码，害得你的操作系统出了故障。但同时它也像蚊虫，当你争取更高层级的爱、富足和创造力时，就会叮你一口。然后你就去拍那只虫子，也把自己拉回到原先的层级。

另一个中止认知失调的方法就是把自己从新的成功级别上拉回来，不去挑战错误信念。这个动作令你回到自己熟悉的地带。小虫子赢了，你输了。

　　从卡尔的案例中，很容易看出错误信念是如何形成的，或者说，他为什么会觉得自己在根本上就有缺点。卡尔是家里的头生子，他的父亲是一位有权势的高管，后来又掌管过两家《财富》（Fortune）世界五百强企业。可是，在卡尔刚刚长大到可以不用尿布的时候，父母就分手了，随即两人展开了一场旷日持久的金钱大战。他父亲再婚了，有了另一个家，因此童年的卡尔就在敌对的父母之间来回辗转。有一天，趁着酒劲，父亲对卡尔说了实话：只要一看见他，就没法不勾起对他母亲的恨意。父亲宣判卡尔犯了罪，可对于自己的"罪行"，卡尔完全不明白是怎么回事。他只知道，父亲看待他的眼光和看待同父异母的弟弟不一样。在无意识的情况下，卡尔认下了这桩罪行。多年之后，他对我这样说："我觉得，要是他这样看待我，肯定是因为我做错了什么吧，可我找不到一个人能跟我解释清楚，我到底做了什么。"

　　接下来这一点至关重要：卡尔背负着一桩看不见的"罪行"，并为之服刑了很多年，可这所谓的罪行跟他压根没有关系。把任何一个孩子放到他的位置上，他父亲的感受都是一样的。然而，你能看到卡尔（以及有类似经历的人们）如何把罪名揽到了自己身上。毕竟，是他承受着父亲错置的恨意。在两岁大的时候（或是五岁、十五岁），卡尔不可能明白，那敌视的眼光针对的其实是他母亲。他不可能明白，对于那桩安在他头上的"罪行"，他完完全全是无辜的。

　　害怕自己在根本上就有缺点，这份恐惧会引发出另一种恐惧。你会害怕，如果你发自内心地做出承诺，想要生活在自己的天赋地带，你有可能做不到，你会失败。你心里会有这么一个信念：就连你的天赋都是有缺点的，即使你在更大的天地里，用更张扬的方式把它表达出来，它的水准也是不够的，它不够好。这个信念告诉你，最好要低调，要打安全牌。这样的话，万一你失败了，起码损失还不会太大。

隐蔽障碍No.2：不忠与背弃

　　当我们被拦在"不忠与背弃"的障碍之外，我们潜意识中的咒语是这样的：

　　　　我无法获得全然的成功，因为这会令我孤独终老，令我背弃我的根基，离开原有生活中的那些人。

　　如果你在想，什么样的人会有这种障碍？我来告诉你：我这样的人。我就是例子。早年间，这个障碍令我多次感受到恐慌，即便是现在，它还会时不时地在我脑海中闪现。过一会儿，我会多给你讲讲我的故事，但现在让我们来仔细看看，这个障碍是否曾经在你的生活中出现。下面这两个问题能帮你发现你有没有这个障碍：

> 为了走到今天这个位置，我是否违背了家训？（明说
> 的和没有明说的规训都算。）
> 即便我现在很成功，我是不是违背了父母当初对我的
> 期望？

如果你对这两个问题中的任何一个回答了"是"，那么，随着你收获越来越多的成功，你很可能会感到内疚。在一个深深隐藏的、无意识的层面上，你很可能会感到，你追求属于自己的人生，想要获得自己心目中的成功，代价就是背弃你的根基，对那些爱你的人不忠诚。这份内疚让你踩下刹车，阻拦你去追求终极的成功，也妨碍你尽情享受已经取得的成果。你先是实现突破，取得成功，紧接着就会自我惩罚，如此循环往复。

下面我们来看一个隐蔽障碍No.2的生动案例：

有一次我为一对新婚夫妇做了咨询，当时他们刚刚以一种难忘的方式遭遇了这个障碍。罗伯特刚刚结束了医生实习期，而小迪在罗伯特取得医学博士的那所大学里担任管理人员。两人的背景可以说是毫无相似之处。罗伯特来自新英格兰的一个富贵家族，而小迪从小生长在圣克鲁兹（Santa Cruz）的一个嬉皮士聚居区，被单身母

亲抚养长大。罗伯特的家人不喜欢小迪，因为她比罗伯特大五岁，也不是贵族人家的女儿。要是他们知道小迪的母亲靠种植异域药草过活（其中有些还是非法的），恐怕就更加反对这桩婚事了。但不管怎么说吧，罗伯特和小迪深深相爱了，家人们初步计划着办一场盛大的婚礼，地点就设在罗伯特家的大宅子里。不过，罗伯特的家人提出要求，罗伯特必须先找到工作，也就是正式成为一名医生，才能举办婚礼。

罗伯特实习期满那天，欣喜若狂的两个人拍脑袋做了个决定，要按他们自己的方式行事。两人开车去了里诺（Reno），在一个礼堂里成了婚。都没停下来吃顿午饭，他们调转车头，朝着圣克鲁兹开去。小迪的母亲多萝西接到报喜的电话后，开心极了，允诺要在当天晚上给小两口办一个盛大的婚礼派对。两人打算晚一点再把喜讯通知罗伯特的家人。

驱车驶上满是尘土的蜿蜒小路，朝着多萝西的小房子开去的时候，罗伯特和小迪突发奇想，把车子停到了树林里，打算预先庆祝一下。两人在林子里铺开毯子，享受起新婚的快乐来。情浓火热之际，小两口滚下了毯子，掉到了毒栎丛里。毒栎蹭到皮肤上之后，可能要过二十四小时才会显现出症状，因此两人丝毫没有意识到，他们身上就像携带着一个红肿发痒的定时炸弹。两人参加了派对，多萝西和朋友们极其热情地欢迎了这对新婚夫妇。他们又是唱又是跳的，一直到凌晨才倒头大睡。结果第二天起床的时候才发现，他俩简直赶上了双倍的受罪：不仅要忍受宿醉之苦，身上还起了又红又痒的皮疹。接下来的几天里，小两口不停地泡冰浴，吞止疼药，往身上涂乳液。罗伯特原本是个滴酒不沾的人，但这一回，他都用上了多萝西配的稀奇古怪的草药方子。

两周后，两人来找我，他们竭力想搞明白这次的事情有什么含义，可自行找到的答案并没让他们感到愉快。小迪从小就习惯了那种玄乎的视角，她在想这次的经历会不会是宇宙给出的信号，说明他俩就不应该在一起。而罗伯特的看法属于纯粹的自责。"我都诊治过多少个接触毒栎的病例了，"他说，"真是见了鬼了，我怎么就没注意到我们自己沾上了呢？"听他们讲述这段故事的时候，我好似看到一个写着"障碍No.2"的霓虹灯牌在闪烁。当我向他们解释原理的时候，我看到两人脸上浮现出了如释重负的表情。

除了帮他们看明白为何要如此显眼并痛苦地惩罚自己，我还提了一个激进的治疗方案，同时把设备也拿出来了，当场就能使用。我把自己的电话递给他们，让小两口给罗伯特的父母打过去。罗伯特的父母直到现在还不知道心爱的儿子已经偏离了正道。他们俩听到这个主意，那反应简直就像是野马头一回被套上了马鞍。但我是治疗师嘛，对这种局面自然司空见惯。我说服了他们：事情拖得时间越长，就越是难办。

每一场棘手的沟通在刚开始的时候，都会有十分钟令人汗涔涔的艰难对话。不过，就在你鼓足勇气说出来的时候，就会立即感到如释重负，同时也会开启流动的对话，让问题得以解决。我听着罗伯特和小迪向罗伯特的父母公布了这个大消息，也把心底的话都说了出来。经过最初几分钟的吵嚷之后，对话渐渐变得和谐起来，最后以罗伯特的父母提出邀请而告终：在新英格兰举办一场盛大的迎新庆典，来代替婚礼。

隐蔽障碍No.3：认定更大的成功会带来更多负担

"我是个负担"，这种存在已久的信念会阻碍你发挥全部潜力去追求成功，也不让你尽情地享受成果。如果这个信念纠缠着你，你的上限咒语会是这样的：

> 我无法发挥出最大的潜力，因为如果那样的话，我会成为一个比现在更重的负担。

在我们刚开始探索这些障碍的时候，我说过，人们会有不止一个隐蔽的障碍，这很常见。在我对自身的觉察中，我发现有两个障碍对我的影响最大。在上一小节，我跟大家提到，我曾经在"不忠与背弃"的障碍上遭遇过挑战。现在我想说一说这个"负担"

障碍，这是我面对的第二大挑战。看看我的故事是否引起了你的共鸣。

我呱呱坠地的那一刻，迎接我的就是两个混搅在一起的讯息：你是个负担；你是个宝贝。对我母亲来说，我是个负担，但对于外公外婆来说，我是受欢迎的小宝贝。我是负担，是因为母亲刚刚怀上我没几星期，我父亲就去世了，只留给我母亲三百美元、一个需要抚养的儿子（我哥哥），还有没人知道的、孕育在母亲肚子里的我。妈妈当时没有工作，养活自己和我六岁的哥哥就已经够艰难的了，再来一个意料之外的新生儿，这让可怜的寡妇无法承受，因此在我出生后一年多的时间里，她一直陷在抑郁当中。幸运的是，我的外公外婆就住在隔壁，两人当时都在六十岁上下，精力正好，能有个小孙儿承欢膝下，他们简直欣喜若狂。他们俩养大了四个女儿，太想带个男孩了。我成了他们梦寐以求的男孩子，在我的整个童年，没有一天我不曾感受到他们的爱和关怀。有他俩住在隔壁，简直是上天的赐福，即便在我母亲康复后，我在自己家待的时间更多了，也依然是有这种感觉。

我的这种成长背景简直为日后的上限问题打下了完美的基础。在我的生命初期，我既是个负担，也是个宝贝，这种组合让我在成年之后还不断地在两个角色中来回跳转。我会取得一个很大的、积极正向的突破，然后立即感到自己是这世界的负担。有时世界好似

响应了我的感受，会立即给我提供证据，让我相信自己确实是个
负担。

我有一个痛苦的记忆。快三十岁那年，有天我去看望母亲和哥
哥。彼时我的第一本书刚刚出版，我给他俩每人带了一本。当我自
豪地把书拿出来的时候，他俩正坐在桌边聊天。两人接过书，翻过
来掉过去地瞧了瞧，然后就放到了一边。他们连书皮都没有翻开，
也没说一句祝贺的话。随即两人继续聊起天来，就好像什么都没有
发生一样。我记得自己目瞪口呆地站在一旁。当时我还不知道上限
问题这回事，所以完全想不到，这一幕是某个模式的一部分，而这
个模式早在我来到这个世界之前就已经开始运行了。我花了很多年
才理解，我的存在对他们两人来说是多么沉重的负担。我无法想
象，当我出乎意料地出现在他们的世界中，他们要多么艰难地应对
这个状况。因此，难怪他们会怪罪我是个负担，也难怪他们会认为
我写的书也是一个塞进他们世界里的负担。这一点都不令人惊讶。
如果他们对我的印象是负担，那么自然而然地，他们也会认为我做
出来的任何成果都是进一步的负担。但令人惊讶的是，尽管我完全
是清白无辜的，对于他们想象出来的东西，我不必承担半点责任，
但我依然确信自己犯下了那桩"罪行"。

到三十多岁的时候，我开始觉醒，并且意识到，我心里绝大多
数的内疚感其实来自我根本不曾犯下的罪。我敢说你也有相同的感

受。当然，我确实干过不少让自己内疚的事情，我猜你也能想起两三件类似的吧。但我发现，早在我们还没上幼儿园的时候，父母和兄弟姐妹就会为我们安上某些罪名，如果能把因这些"罪责"而生的内疚感清除掉，我们就能从触发上限问题的主要议题中解脱出来。

隐蔽障碍No.4：你的光芒盖过了别人

这个障碍背后的无意识咒语是：

> 我可不能施展出全部才华，去追求彻底的成功，因为我要是这样做了，我的光芒就会盖过_____，让他们没面子，或是感觉很糟。

在非常有才华、有天赋的孩子身上，这种障碍特别常见。他们得到了父母相当多的关注，但与此同时也会得到一个没有明说的、强有力的讯息：不要太闪亮，否则你会让其他人面上无光，或是感觉很糟。有天赋的孩子往往会被指责为出风头，抢夺其他家庭成员该得的注意力。这种孩子会无意识地想出解决办法：抑制自己的才华，好让其他人不会感到威胁。另一个解决办法是继续灿烂地发光，但是要抑制自己的愉悦感。如果能显出一副惨象，自己就能得到其他人的同情，而不是嫉妒了。

　　肯尼·罗根斯（Kenny Loggins）是一个跨越这道障碍、勇敢飞跃的典范。很多年前，肯尼就是我的朋友，也是我的邻居，我曾经多次同他一起踏上巡演的旅程，给他和乐队成员做随队教练。几年前，我还与肯尼和他的老搭档吉姆·梅西纳（Jim Messina）一起工作过，筹备他们的重聚巡演。在很年轻的时候，肯尼和吉姆就征服了摇滚世界，二十岁出头就名利双收，也收获了评论家的认可和赞扬。最终，一些乱糟糟的事件和创作理念的冲突让两人分道扬镳，有不少麻烦事儿还一路跟随两人进入了单飞时代。肯尼作为独唱歌手大获成功，在20世纪80年代发了一连串热卖专辑，而吉姆尝试了不同的领域，比如为其他音乐人制作专辑。然而，尽管肯尼接连不断地推出热门金曲，还拿了好几座格莱美奖项，但他不允许自己享受成功的滋味。每当他发了一支金曲，或是赢得一个奖项，就会在私生活中搞点事情出来，破坏掉美好的感受和庆祝的心情。他要么会生病，要么出事故，或是搞砸感情关系；他总是会遇到各种各样的事情，而且总是刚好在他取得某种成果之后。我与肯尼一同工作的次数很多，也与吉姆共同工作过几次，渐渐地，我发现了一个隐蔽障碍No.4的典型案例。

　　虽然两人从来没有注意到，但他们的成长背景非常相似。他们都是极具天赋的孩子，想要跟受偏爱的手足竞争父母的关注。他们也都从父母那里得到了不曾明说的讯息，也就是不要太过出色，别让你的光芒盖过其他兄弟姐妹。当这对天才二人组在未满二十岁时结成音乐组合的时候，早年被植入的信念其实帮了他们的忙。他俩就像是一起闯荡江湖、征服世界的两兄弟，可以一起闪耀光芒。他们确实这样做了，写出了一首又一首的热门金曲。

然而，当单飞的时刻到来，两人要踏上各自的音乐道路的时候，存在已久的上限问题开始全力反攻。现在两人都被那个陈旧的恐惧攫住了——你的光芒不能盖过另一个。这份恐惧导致其中一个跌跌撞撞地寻找新方向，而另一个则用自我破坏性的不幸事件一次又一次地削弱成功的快乐。

幸运的是，他们及时觉醒了。他们看见了这个旧模式，并且超越了它。吉姆开辟了一个全新的职业生涯——开设工作坊，教人写歌。肯尼在一个看似演出灾难的事件中悟到了深意，得到了一份足以改变人生的礼物。当时他获得了格莱美奖的提名，要在音乐行业大咖云集的颁奖现场演唱大热金曲《我一切都好》（*I'm All Right*）。当独特的前奏响起，观众席上掌声雷动。但讽刺至极的是，就在肯尼刚刚开口要唱的时候，麦克风没声了。他连忙跳上一张桌子，领着大家来了一段无伴奏的大合唱，直到话筒问题解决。他救了场，但这个饱含讽刺意味的事件引发了他的深思：为什么在职业生涯的巅峰时刻，他却"失去"了声音？问题的答案让他完成了重大飞跃，还促成了未来杰作的诞生。他意识到，自己不想再继续写同类型的流行金曲了，虽然那些音乐让他名利双收，但它们显然属于他的"卓越地带"，而不是"天赋地带"。尽管他对自己写的那些流行歌曲很自豪，但他感到，那些歌依然源自对闪耀光芒的恐惧。幸运的是，他听见了天赋的召唤，并且对自己的人生进行了深入的探索和觉察。在那个深刻的空间里，他听到一种全新的音乐从心底扬起，它吟唱到了环境问题、爱情关系中的诚实，还有流行音乐中不常见的其他主题。这张专辑的名字可谓是名副其实，贴切地指出了它在肯尼人生中的角色——《信仰之跃》（*Leap of Faith*）。无论是在销量上还是在评论界，这张专辑都大获成功，其中收录的歌曲"心中的信念"更是成为日益高涨的环保运动的主题曲。这也为肯尼带来了史无前例的高光时刻：在华盛顿举办的一场地球日庆祝活动中，他面对五十万观众，演唱了这首"心中的信念"。

关于上限问题这门功课，有一个好消息：不需要花太多时间，你就能发现它的源头。一旦你看见了它，就好像打开了灯，光芒会照亮那个漆黑了很久的房间。一般来说，我们还需要做一些后续的清扫工作，但有灯开着，一切就没有那么难了。

往往在生命早期，那些有天赋、有才华的人就被施加了一个魔咒。当他们闪耀出格外明亮的光芒时，这个魔咒会让他们感觉很糟糕。为什么父母会用这种方式来诅咒孩子？下面这个例子会为我们解释缘由。

我有位客户名叫约瑟夫，是个中年企业高管，小时候被誉为钢琴神童。他当过一段时间的职业演奏家，也取得了一定的成绩，但后来彻底放弃了音乐，因为在无意识的情况下，他不断地遇到隐蔽障碍No.4。说得具体点就是，每次约瑟夫取得突破，获得更多成功时，就会被内疚感俘虏，令他的感觉变得更糟。即便在他放弃音乐之后，这个模式依然如影随形，一直跟着他进入商界。

在第一次约谈中，我们就把灯光打在了障碍成形的那一刻。小时候，约瑟夫和唯一的妹妹一起长大，她也是一个极具音乐天赋的孩子，两人感情很好。可妹妹在八岁那年因白血病过世，让小约瑟夫和父母陷入了巨大的哀恸，也促使他更加全身心地投入到了音乐上。

在讲述自己的故事时，约瑟夫想起了十岁出头时的一件往事。那时，他第一次领略到了摧毁性的内疚，这种感受一直纠缠着他，直至他成年。当时他快要过生日了，父母给他买了人生中第一台三角钢琴。此前，要是想用三角钢琴练习，他只能搭巴士到镇子另一头的音乐教室去。现在他可以每天都练了，不必再看天气阴晴。

约瑟夫生日的前一晚，趁他睡着之后，父母把钢琴摆到了客厅里。次日当他醒来，父母让他先闭上眼睛，然后领着他走进客厅，到了钢琴面前才让他睁开眼睛。欢乐和感激席卷了小约瑟夫，他的眼泪哗哗地流了下来。他拥抱了父母，在钢琴前坐下。正当他的手指第一次碰上琴键的时候，母亲说话了："要是你妹妹没有去世，咱们家肯定买不起这个。"刹那间，欢乐烟消云散，代之以内疚和哀伤。一个接下来影响了他四十年的模式就此启动。

是什么让父母说出这样的话？潜意识中，他们肯定希望约瑟夫永远记住妹妹，也感念她带给全家的过于短暂的美好岁月。潜意识中，他们肯定感受到了深深的哀伤，因为一个孩子可以发出耀眼的光芒，而另一个永远没有机会了。约瑟夫带给他们的自豪感里，将永远夹杂着痛失爱女的哀伤。他们终其一生陷在这个哀伤的诅咒中，不知不觉间，他们要确保约瑟夫也生活在其中。

幸运的是，约瑟夫挣脱了。他意识到，自己背负的那个罪名——能够活下来，并且光芒将因此永远盖过妹妹——只存在于父母的想象之中。很多读者大概会在自己的人生中找到类似的经历。如果是这样的话，你需要问问自己，你害怕获得终极的成功，是不是因为你害怕自己的光芒会盖过很久之前的某个人。问问自己，是不是因为你害怕自己的成功会偷走属于某个人的注意力，因为有人让你相信，那个人理当得到更多关注。

向前走

现在，你已经具备了做出重大飞跃所需的背景知识。你理解了上限问题的基本原理，也知道了它的根基埋在何处。现在是时候提升你的学习速度了！方法就是：直接面对自己那复杂交织的人生经历。你的上限问题隐匿在你与自己、与他人的每一次交互中。想要发现它只有一个办法，那就是把你明亮敏锐的觉知之光聚焦到日常生活中的某些具体行为上。在下一章里，我会告诉你如何发现这些行为。我敢说，看到挣脱束缚、重获自由的方法竟是如此简洁优雅，你必定会大吃一惊；当你看到这些方法一直就待在自己眼皮底下，你的震惊恐怕还要翻倍呐。

第三章 发现你的上限行为

如何在日常生活中识别上限问题

现在，我想请你把觉察的力量聚焦到某些具体行为上。这个练习的目的是让你注意到自己的上限问题是如何运作的。一旦你看清了它们的运作方式，就会获得一个崭新的人生导航工具。我学开车的时候，教练告诉我，开车更像是一门艺术，而非科学。他说，这门艺术的要诀就是时刻保持"既松弛又警醒"的状态，或者说，在每时每刻，要既放松又敏锐地关注自己的车和别人的车都在干吗。走向天赋地带的旅程也是如此。在学习进入这个地带的过程中，你会培养起一个持续终生的习惯——不断觉察自己的上限行为——并从中受益。把它变成你日常行为的一部分，就像刷牙，或是调整车子的后视镜。

我们给自己设限的典型方式

多年前，我的一位客户发明了一个新动词来描述自己的上限行为。他说："那天我发现我在给自己设限。"这个说法在我们的研讨会上大受欢迎，因为它把上限问题变成了一个实实在在的动作。当你给自己设限的时候，就是在阻碍积极能量的流动。幸运的是，我们给自己设限的方式并不多。阅读下面内容的时候，结合自己的情况想一想，看看你熟悉哪一个。我从最常见的一个开始：担忧。

担忧

担忧往往是我们给自己设限的信号。一般来说，在担忧的时候，我们想的都是没用的事儿。不必要的担忧有个关键的标志：我们担忧的是自己没法掌控的事情。唯有在两种情况下，担忧才是有用的。其中一个是，对于担忧的问题，我们确实能做点什么；另一个是，担忧能让我们马上采取积极的行动。除此之外的所有担忧都不过是上限问题搞出来的噪声，始作俑者是我们的潜意识，为的是让我们安全地待在卓越地带或胜任地带里。下面就是它的运作机制。

当一切都进行得顺顺利利的时候，我们的上限问题就开始活跃了，导致我们突然担忧起来，害怕某些事情会出差错。为了证明这些担忧的念头是合理的，我们心里滋生出更多忧虑，顷刻之间，我们想象出一连串事情分崩离析的画面，好像一切都要完蛋了。

第一次注意到自己身上有这个趋势的时候，我被担忧念头的生长速度震惊了。一两个不起眼的小忧虑可以迅速演变成人类文明的末日浩劫。如果你用心观察自己的担忧念头——我指的是连续两三天真的去仔细研究它们——你会发现一个令人惊讶的现象：在你的担忧念头中，几乎没有一个与现实相关。让我来解释一下：好比说，早上你煮了一杯咖啡，倒进随行杯里，然后赶忙出门去上班了。你一边赶路，一边开心地啜饮着咖啡，但突然之间，你担心刚才烧水的炉子好像没有关掉。这就是一个有现实依据的担忧念头。它值得担忧，原因有二：首先，你家的房子有可能着火；其次，你可以做点什么。

有个好办法可以判断某个担忧念头是否值得关注。你只需要问问自己：

它真的有可能发生吗？

以及……

我现在能采取什么行动，带来积极的改变吗？

在上面这个烧水的例子中，答案显然都是"是的"。它真的有可能发生，而且你现在也可以采取一些积极的行动。你可以回家去，检查一下炉子有没有关掉。你也可以给家里打个电话，让家人看看。不过，即便是这一类有现实依据的担忧念头，对有些人来说也可能是上限问题在作祟。有些人经常担忧自己做错了什么，或是粗心大意，比如忘了关烧水的炉子。这是人类性格的一个方面。对这种性格我还真有点了解，因为我有机会从里到外研究它，时间可以追溯到我刚记事的时候。你究竟是天生的担忧小能手，还是刚刚染上这个习惯，这都不重要。你真正需要知道的是下面这段话。

当一切都顺顺利利，或是当你心情非常好的时候，你总是可以制造出一连串担忧的念头，把自己拉回到情绪不好的状态。一旦你用担忧把自己拉了回去，就会忍不住把负面情绪也强加给别人。如果我们被担忧裹挟，而身边的人没有，我们就很容易产生一种几乎无法遏制的冲动，去批评那个人，直到他或她也跳进这条负面情绪的河流。

我曾经教练过一位亿万富翁客户，他总是担忧金钱上的损失。事实上，以他的家底来看，就算每天损失一百万美元，连续亏损五年，他手里也还能剩下十个亿。他的担忧蔓延到了婚姻中，引发出我们马上就要探讨的一个上限问题症状——批评与指责。他总是看不惯太太喜欢买一种最贵的卫生纸，弄得她不胜其烦。她就是喜欢那个牌子，可他总想说服她，便宜点儿的也一样好用。在这种情况下，真正的问题显然不是厕纸。

经过我一番温和的"敲打"之后，他终于明白过来，自己的担忧与批评其实是一种阻挠的手段，是在扰乱积极能量在他的生活和关系中的流动。既然他对数字格外敏感，我就请他拿出计算器，算一算买厕纸能花多少钱。我说："想象一下，假如你太太开始挥霍无度了！从今天开始，她每天都买一百卷厕纸，一直持续五十年，也就是等到你俩都九十岁的时候，你算算看，这会花掉多少钱？"他在计算器上点来点去，算出了她后半辈子疯狂挥霍的代价：一百五十万美金。然后，我请他算算这个数字占他净资产的百分比。算这道题的时候，他连计算器都没用。具体的数字我记不清了，但远远不到百分之一。我问他，按正常的股市波动来看的话，他的净资产每天的浮动情况如何。他说，数字确实会变，有时候一个小时内就能有一亿美金的起伏吧。我指出，假设他太太挥霍得上了天，每天买一千卷厕纸，也抵不上资产在一天之内的波动。"考虑到这个，"我说，"你批评太太的真正原因是什么呢？"

　　我做过很多关于金钱冲突的咨询案例，从中总结出了一个规律：关于金钱的争执，从来都跟金钱无关。金钱方面的争执都源自更深层的问题，在这个案例中显然也是这样。经过探索后，我们发现，在内心深处，他认为自己不配同时拥有财富和爱。他在一个富有的家庭中长大，但在他看来，每天的大部分时间里，父母都在激烈地争吵。在不知不觉间，他把原生家庭中这个不断争吵的传统带入了自己的婚姻中。在他的原生家庭中有个公式：金钱等于争吵。问题的关键不在于数目多少，究竟是一亿美金还是买优质厕纸的几块美金，这不重要；但是，只要一涉及金钱，就必须要吵一架。

我给他留了个作业：迅速"戒断"批评与指责。我请他在金钱问题上彻底停止对太太的批评。为了调动他争强好胜的心态，我跟他说，我严重怀疑他做不到，估计一天都坚持不下来。他挑衅地扬起下巴，接受了这个挑战。下一次他和太太一起来咨询的时候，两人看上去都年轻了十岁。夫妇俩甚至把这个作业提升到了更高的级别，一致同意在婚姻的各个方面都停止批评。他告诉我，他们度过了非常愉快的一周，"庆祝我们拥有的，而不是抱怨我们没有的"。

我建议你仔细地研究一下自己的担忧习惯。当人们放下了担忧的瘾头，人生就改变了。我见过很多这样的例子，其中也包括我自己。没错，担忧绝对是一种瘾头。事实上，担忧就像是赌场里的老虎机，偶尔也能"中奖"——你担忧的事情果真发生了。如果你担忧股票大跌，只要担忧的时间足够长，肯定能说中，因为时不时地，股票确实会大跌。

身为一个正在康复中的担忧成瘾患者，我对慢性担忧可以说是相当了解。直到快三十岁我才意识到，在我忧心忡忡的事件中，绝大多数都属于我完全控制不了的。就在那以前，我一直认为担忧是有用的，是对我有帮助的。我还确信，对于我担忧的那些事，如果别人没有像我一样那么担忧，那显然是他们有毛病。然而我渐渐发现，我之所以会担忧，纯粹是为了遏制生命中积极能量的流动。担忧是我给自己设限的方式之一。

　　你看过伍迪·艾伦（Woody Allen）的影片《安妮·霍尔》（*Annie Hall*）吗？里面有一个极具启发的场景，清楚地显示出上限问题是如何在关系中运作的。伍迪在卧室里疯狂地乱转，绞着双手，千方百计地想让妻子对他最新琢磨出来的、关于肯尼迪遇刺的阴谋论感兴趣。她耐着性子看着他，终于等到他滔滔不绝的话语减慢了速度，有机会插上话了。她温和地说道，或许他这么锲而不舍，只是为了避免与她亲密吧。他思考着她的话，一阵长长的沉默。观众们心里在想，他大概会火冒三丈，坚决否认。终于他开口了："你说得对。"

　　在这个极具启发的一幕里蕴含着许多智慧。如果你随机选一个人，去他的思维里看一看，多半会发现一些担忧的念头。如果你告诉他，那些念头不过是想阻碍他感受积极能量的流动，他多半不会说"你说得对"。他大概率会辩解说，这些担忧的想法绝对是有必要的，这样宇宙才能正常运转，要是他停止担忧，整个世界就要完蛋了。我很清楚这种反应，因为我以前就是这么想的。我以为我脑子里二十四小时不间断的担忧念头是对生活的正确反应。我花了很长很长时间才想明白，我百分之九十九的担忧压根就没有必要。我之所以要担忧，纯粹是为了让自己难受。意识到这一点的时候，我觉得非常丢脸。更让我感到丢脸的是，我意识到，我就是那个把手指牢牢按在"难受按钮"上的人。不过，我也发现，既然是这样的话，那我也有力量不去按它。这个发现还是很美妙的嘛。

如何应对担忧

现在，我把觉察自己的担忧念头变成了每日必做的练习。这样做了之后你会发现，你可以把那些想法变成通往天赋地带的跳板。我很愿意给你看看我设计的工具。这一连串的行动保证可以帮你跳出担忧的陷阱。我先带你一步步地走一遍，然后讲一个真实案例。

1. 我注意到自己正在担忧某件事情。

2. 我放下担忧的念头，把注意力从上面移开。

3. 我带着好奇问自己：是什么积极的新想法正在酝酿成型呢？

4. 关于这个积极的新想法，我通常会有身体层面上的感受（而不是头脑层面）。

5. 我专注地、深入地体会那个感受。

6. 我让自己深深地感受它，能用多久就用多久。

7. 之后，我往往能明白那个想要出现的积极想法是什么。

下面就是一个真实的例子，我把它逐步拆解开：

1. 一个周六的下午，我走在镇子的街道上。我经过一家珠宝店，这些年来，我和太太凯瑟琳在这家店里买过不少漂亮的东西。我往橱窗里瞧了瞧，不禁感叹，有几件做得可真好啊。大约十五秒钟后，我发觉心头浮现出一些关于金钱的担忧。说得具体点就是，我担心我们是否有足够的钱，帮助亲戚家一个很有天赋的孩子去念她向往的私立音乐学校。

2. 我注意到了这个担忧的念头，决定放下它。就让它待在那里，不去追究。

3. 我很好奇，是什么积极的想法想要冒出来呢。

4. 我感觉到喉咙的地方有种愉悦的感受。

5. 我一边向前走，一边让自己充分沉浸在这愉悦的感受中。

6. 几分钟后，我坐进自己的车里，一个觉察浮现出来。看到橱窗里的珠宝，我感到一阵内疚：比起我们大家族里的其他成员，我和太太生活得相当富足。看到珠宝也唤起了我心中对太太的感情，我是多么爱她，多么欣赏她呀。真希望能有哪件珠宝可以充分体现出我对她的深情。我没有发动引擎，而是在车里坐了一会儿，让自己充分去感受对太太的爱和欣赏，体会这种甜蜜的情感，以及心中的感激——我们亲手创造了丰足的生活，这真是太好了。我意识到，没有什么具体的实物能够表达这些情感，比如珠宝。它们存在于一个非物质的世界里，存在于我们两人流动的情感联结中。

7. 我拿起电话，给凯瑟琳拨了过去。原来她也正在外面办杂事，就在离我两个街区远的地方。我跟她说了刚才这一连串的体验，从瞥了一眼橱窗，到心中升起担忧的念头，再到让自己去感受心中满溢出来的对她的爱和欣赏，那一刻真幸福。我说："我们一定要多花点时间，去庆祝我们已经拥有的东西啊。"

8. 她表示同意，隔空给了我一个大大的亲吻。我说了再见，发动车子，朝家里开去。

咱们来探索一下发生了什么。首先，我做了个选择：不认为我对金钱的担忧念头真的是因为金钱。我希望你对自己的担忧念头在总体上也采取这个态度。我希望你把它们看作是上限问题的表现形式，除非它们确实关乎某些真实存在的事，而且你能够立即做点什么。在我这个例子里，当我冒出担忧的念头，发愁我们有没有足够的钱送亲戚孩子去上音乐学校的时候，我其实正走在街上去办杂事。我的头脑马上明白过来，这些想法跟现实状况无关。在现实中，我轻轻松松就能供侄女去上学。真正的问题不在钱上。当我资助亲戚们的时候，往往会夹杂着许多情绪，真正的问题在于我愿不愿意处理这些情绪。况且，这个担忧的念头也不需要我马上采取行动。就算我愿意给钱，也不大可能站在大街上，立即掏出电话办转账吧。这就是我判断出这个担忧想法更像是上限问题的第二个理由。

这个判断瞬间就能完成。我希望你以后也能做到这样。加以练习，你就会非常敏锐地注意到哪些想法应该加以关注，哪些想法可以无视。说到无视，我希望你注意到，我是如何轻而易举地放下了那一连串关于钱的想法。想象你手里正紧紧地抓着一个网球，然后你松开手，球自然而然地就会落下去。很多人没有意识到，放下担忧的想法其实是一样的。前一秒，那个想法紧紧地抓住了你；然后你突然意识到，其实是你在紧紧地抓着它。你放开手，那个想法就消失不见。它再次回来，你再次把它放掉。经过几番练习之后，它就会彻底消失，再也不会回来了——如果你给头脑找点更有意义的事情做的话。更有意义的事情就是，去留意有哪个积极正向的新想法正在努力浮现。换句话说，当你发觉自己正在担忧的时候，总是会有某些积极正向的想法也在拼命现身。你的担忧念头，尤其是一次又一次重复浮现的相同想法，正是一面向你挥手的旗帜，那是你的天赋地带对你发出的召唤。一些东西正在竭力引起你的注意。去看看担忧背后隐藏着什么，你往往会发现，一个全新的方向已经为你设定好了。

当我待在天赋地带的时候，我做着自己热爱的事，也愉快地享受着我拥有的东西。我对金钱的担忧只不过是个信号。这个信号告诉我，是时候扩展我的能力边界了，这样我就可以尽情地体验双重的快乐：既创造出了丰裕，同时也拥有爱。据我所知，在我的家族传承中，这个组合可是个新鲜事物。这是一个崭新的疆域，我正在学习如何生活在其中。为了做到这一点，我需要破除一个绵延了数千年的、根深蒂固的信念：人活着，就必定会受苦。我们需要学会享受成功的美好感觉，先是每次几秒钟，再到几分钟，渐渐延长到几个月。

这是一个充满英雄气概的任务。科学告诉我们，我们的鱼类祖先花费了极为漫长的时间，才逐渐进化出必需的肢体，告别了最初跌跌撞撞的模样，终于可以在陆地上自由地行走。如今的我们也正处在一个进化的时期，在内在的世界，我们和当初跌跌撞撞的鱼类没有两样：我们正在学着让自己愉快地享受爱、丰盛的体验，以及其他各种形式的积极能量，不做任何形式的自我破坏。这需要耐心，也需要鼓励自己——当我们允许自己愉快地享受了一小会儿美好的感觉，就拍拍自己的肩膀吧，夸奖自己做得很好！

批评与指责

前文中我提到，绝大多数担忧的念头都跟现实毫无关系。对批评来说也是一样。换句话说，当我们批评别人的时候，通常都跟对方没任何关系。当我们指责某个人或某件事的时候，是因为我们碰到了自己的上限，正在竭力阻拦积极能量的流动。

第一次意识到这个事实的时候，我简直没法接受。我花费了好多年时间，努力把我的批评和指责的本领打磨得至臻完美。在批评或指责别人的时候，我打心眼儿里相信，对方一定是做了某些应该被批评的事。批评和指责就像是一种被催眠的恍惚状态。当我们处在那种状态里的时候，我们真心相信对方做错了。你多半看过舞台上的那种催眠表演吧，催眠师让表演对象相信自己是条狗，或者是一只鸡。被催眠的那个人听到指令后就会汪汪叫，或是在舞台上趾高气扬地走来走去，扑打着想象出来的翅膀。台下的观众都哈哈大笑，乐不可支，大概是大家都意识到，一生之中，人有相当长的时间是活在这种恍惚状态里的。

批评与指责也会上瘾，而且代价极高，因为它们是亲密关系里的头号杀手。当人们说到分手理由的时候，最常见的一条就是："我实在受不了那些没完没了的批评和指责"。考虑到这一点，把批评和指责视作上瘾行为就显得格外重要。

如果你想知道你的上限行为算不算上瘾，可以做个快速的测试：试着一天不做这个行为，看看会发生什么。如果不是上瘾，那你马上就能停止它。如果真的已经上瘾了，它会在你不知不觉间溜回来，就像想戒烟的人不知道什么时候就拿起了一支烟一样。

自责和指责他人是同样的性质。换句话说，二者属于同一个上限模式。它们都是非常容易上瘾的，也都是极为常见的、阻碍积极能量流动的方式。我在前文中说过，唯有涉及真实的且你能为之做点什么的事情时，担忧才是有用的，还记得吗？指责也是一样。唯有在它指向一件具体的事，并且对结果有帮助的时候，才是有用的。比如说，假使我在电梯里踩到了你的脚，那就请你尽管指责我，因为这是有用的；如果它能把你的脚指头从我鞋子的无情碾压下解放出来，那就更加有用了。

如果你长久以来习惯于指责他人或自责，那真的需要改一改。这两种行为对结果没有任何帮助。数年前我曾经为戴尔电脑的一位顶级高管做教练，这位客户的名字叫约翰，有时候他会突然大发脾气，猛烈抨击某个人或整个团队。这给他的部门带来了相当大的压力。有时约翰甚至会举起拳头猛砸在桌子上，气得脸色通红。他不觉得这是问题，但其他人不这么想。发完脾气十秒钟后，他就忘了。"别往心里去，"他会这样说，"我没别的意思，而且我从来不记仇。"不幸的是，承受他怒火的人可没有马上就忘的本事。有些人在他发完脾气几天后，甚至是几周之后依然会很难受。

为什么这个模式属于上限行为？和约翰一起做梳理的时候，我们发现，他总是在听到好消息之后大发脾气。比如说，他手下的一位高管很漂亮地完成了一项工作，这让他感到心间涌起一阵积极的能量，很想表扬这位手下。可上限模式立即启动了，他会去想这个手下以前做过哪些让他失望的事。失望迅速凝结成愤怒，他开始大发脾气。当我询问他手下那<u>些</u>高管时，没有一个人能回想起约翰表扬过他们。

约翰做出承诺，一定要终结这个发脾气的模式。于是我们开始着手打破这个连锁行为。我请他做个角色扮演，模拟一下表扬下属的情景，我就暂时充当那个下属。正当他就要说出表扬的话时，约翰猛烈地咳嗽起来。我请他暂停，认真体会一下咳嗽背后的情绪是什么。他说，他想起了父亲。那是五十年前的往事了，当年，父亲给他的每一个表扬其实都是批评，比如："你终于取得了老早之前就应该取得的成绩"。约翰告诉我，这样一次次累积下来的结果就是，每当父亲对他说出什么积极的话，他就感到浑身哆嗦，因为他知道好话里面必定隐藏着反手的一巴掌。"我永远猜不到斧子会什么时候落下。"他说。

我委婉地指出，他正在用一模一样的方式对待下属。他手下的好几个高管告诉我，遇到重要问题时他们总是不敢去找他，因为不知道他什么时候又会大发脾气。意识到这一点后，约翰重重地跌坐到椅子上。他在震惊中呆坐了一会儿，然后开口说道："我要改掉这个毛病。"我们俩的约谈一结束，他就把下属高管们召集起来，把刚才的领悟告诉了他们。我故意没有参加这场会议，免得他们认为我在背后操纵。后来，我从客户本人和这群高管那儿听说，那次会议是他们职业生涯中最有冲击力的时刻。看到一位受尊敬的、非常强势的人对他们如此真挚坦诚，高管们格外感动。

在这里我给大家留个作业：去敏锐地觉察你说出来的、或是在脑海中闪现出来的批评话语。把它们分成两堆儿，第一堆是对真实发生的且你打算采取行动的事情的批评（"哎，你踩到我了，赶紧把脚挪开！"）；第二堆是除此之外的所有批评。我猜，你会像我一样，得出一个让自己很不好意思、却也如释重负的结论：第二堆远远高过了第一堆。

转移话题，过于谦虚

许多人阻拦积极能量的方式就是彻底避开。我把这种方式叫做"转移话题，过于谦虚"；它太普遍了，以至于我们都觉得没什么不对。想想看，下面这种对话你听过多少遍：

乔：这次演示你讲得真好。

杰克：哪有，我时间不够了，只能把一些最精彩的东西跳过去没讲。

乔：但我发现大家听得都很认真啊。

杰克：幸亏他们没有太认真，不然就会发现更多我搞砸的地方。

过分的谦虚导致积极能量无法落地，因此就无法被接受、被感谢。我们来看看，如果杰克换一种方式来应对，这段对话会变得多么简单顺畅，多么有礼貌。假如杰克没有转移话题，而是接受了对方给出的积极能量并表示感谢：

乔：这次演示你讲得真好。

杰克：谢谢啊，听到你这么说真是太好了。既然效果不错，我就放心了，因为我时间不够用，有些最精彩的东西就跳过去没讲。

在这个例子中，杰克接受了赞扬，而不是挡了回去。他感谢乔给出的积极能量，在接住了赞扬之后，才说出了自己对这次演示的保留意见。

当我们把积极能量挡回去的时候，实际是在把自己安全地留在胜任地带或卓越地带。过分的谦虚让我们免于挑战自我，阻止我们提升体验积极能量的能力。

如果你想深入地研究一下"转移话题，过于谦虚"的现象，就花点时间去打一场高尔夫吧。在抵挡积极能量这件事上，高尔夫球手们似乎格外娴熟。（顺便说一句啊，免得大家以为我是个高尔夫高手：我的差点[1]高达17，因为我天生没什么运动细胞，付出了大量的毅力和热情才补上这个短板。）

前一阵子，一位财富五百强企业的CEO找我做教练，想解决他跟董事会之间的关系问题。埃德非常喜欢打高尔夫，既然我的工作室刚好挨着西海岸最好的高尔夫球场，所以我们下午没来得及做完的教练约谈就顺延到了球场上。简直是命中注定，我们要跟两位律师一起打，姑且叫他们艾尔和鲍勃吧，两人是从比弗利山过来打球的。我的客户已经跟我探讨了一整天他的上限问题，在过于谦虚的问题上，我真的再也找不出比这两位球友更好的例子了。一轮下来，他们一次又一次地挡住赞扬，不停地自谦。以下是几个例子：

> 我：这杆打得真棒，艾尔。
>
> 艾尔：哪有，都没打实。
>
> 埃德（我的客户）：漂亮的推杆，鲍勃！
>
> 鲍勃：可算是该进了，今天一天我的推杆都烂得要死。
>
> 我：哟，轻松上果岭啊，鲍勃！（他刚刚用劈起杆从90米外击球，球落在离洞口不到一米的地方。）

---

1 "差点"指的是高尔夫球手打球的水平与标准杆之间的差距。举例来说，如果标准杆是72杆，一个球手的水平一般在89杆，那么他的差点就是17。

　　鲍勃：嗐，纯粹是运气。瞎猫还能碰上死耗子呢。

　　这样的对话没完没了。两人都是一流的高尔夫球手，但只听对话，你会以为他们的球技都烂到家了。这对我和埃德当天的教练谈话是个完美的补充素材，因为我们有机会跟两位自谦大师一同研习。等到那一轮打完，我的客户已经目睹了太多自谦的场面，我怀疑他这辈子再也不会说这种话了。

　　当你注意到自己过分谦虚时，可以这样做：当有人对你说出类似于"这杆打得真棒"的话时，请你暂停一小会儿，允许积极能量的光束照耀在你身上，然后谢谢那个赠予你这道光束的人。比如说，当我说"这杆打得真棒，艾尔"，他可以简简单单地接住我这句积极的评价，花点时间感受一下打出漂亮一杆的快乐，然后谢谢我表达出的积极能量。对话可以是这样的：

　　我：这杆打得真棒，艾尔。
　　艾尔：谢谢你。我希望能打得更实一点，但不管怎么说，结果还真不错。

　　解决上限问题的艺术很大一部分在于，要在内心中开辟出一个空间，允许自己去感受并感谢那些自然涌现的美好感觉。说到"自然"二字，我指的是不靠酒精、糖，以及其他短期手段引发的美好感觉。允许自己细细品味自然涌现的美好感觉，就是解决上限问题最直接的办法。随着渐渐提升感受积极情感的能力，你也就拓宽了自己对生命中的好事情的"容忍度"。

打高尔夫的时候，人们可以感受到许许多多自然生发出来的美好情绪。比如球场的美，打出漂亮一杆后的满足感，与同伴边走边聊的温暖友情。这些都是引发上限问题的理想条件。高尔夫之所以是探讨上限问题的绝佳场景，还有一个原因：除非你挥杆击中那个小球，否则它会一直静止不动。在其他运动形式中，你可以把自己的糟糕表现归咎于对手。比如你被三振出局了，这是因为投手投出了"怪异的曲线球"，或者是外野手的速度比你快。但高尔夫球员可没这种特权。那个小球会一直待在那儿，除非你让它往其他地方飞去。从这个角度看，高尔夫与人生非常相似，后者也在等待着你的意图和行动，然后才会向你展现神秘的结果。

争吵

当上限问题发作时，吵架是拉低自己情绪状态的最常见的手段。原本一切都顺顺当当的，但你可以通过引发一场冲突来迅速阻断积极能量的流动。然后，冲突好似有了独立的生命，可以存活几个小时、几天，甚至是好几年。结果就是，你落回到了胜任地带或卓越地带。天赋？靠边站吧。

如果你学会把争吵视作上限问题的症状，就能取得重大的突破。这个价值可太大了。举个例子：当凯瑟琳和我想明白，我们之间的争吵属于上限问题发作时，我们之间的冲突就大幅减少了。就在我写这一段的时候，我们俩已经超过十二年没吵过架了。我们把浪费在吵架上的能量用到了创造上——在这十二年里，我们合写了四本书，一起开了上百场讲座。（有时候，当我们在讲座中提到这一点时，会有听众举手提问："要是不吵架，你俩不会觉得无聊吗？"我们敢毫不犹豫地保证，共创的过程非常愉快，绝对不会无聊。）

首先，我们要理解为何会发生争吵。争吵是因为两个人在关系中争相占据受害者的位置。甲认为自己是受害者（"你为什么要这样对我？"），并且竭力想让乙同意这个判断。换句话说，乙必须要同意自己就是那个加害者。这样问题就来了。想让对方同意事情都是他的错，这几乎是不可能的。以解决冲突为议题的教练约谈，我做了差不多有五千场，但下面这种交流场面我一次也没有见过：

甲：你为什么让我这么难受？这件事全都是你的错。

乙：哎呀，谢谢你提出这一点。我完全同意你的话。

显然，我是加害者，你是受害者，你这么难受完全都是我的错。

可是，下面的对话我差不多见过五千次，只是措辞不同而已：

甲：你为什么让我这么难受？这件事全都是你的错。

乙：我让你难受？我才是受害者好不好！错都在你，不在我。我已经忍受你胡说八道这么久了，简直都能领个受害者奖章了！

甲：别胡扯了。让我告诉你为什么我才是真正的受害者吧，我要把每一条原因都告诉你。

乙：真有你的。等你说完了，我来告诉你为什么一切都是你的错，以前都是，以后也肯定都是。

占领受害者位置的竞赛一旦展开，每个人必定会想办法胜过对手。换句话说，每人必定会扯出源源不断的"证据"，证明自己才是真正的受害者。在日常的人际冲突中，暴力行为未必会常常发生，但在国家、种族或宗教群体的冲突中往往会出现暴力。在20世纪90年代波黑冲突期间，我主持过一场研讨会，学员中就有几个波黑人。其中一个说："没有一个人能真正理解这场冲突，除非你意识到它从1389年就已经开始了。"绝大多数学员都笑了起来，以为他在开玩笑。但他没有开玩笑，接下来他向大家解释说，冲突的双方已经敌对了六百多年。既然他们有着一样的肤色，说着一样的语言，那么让双方形成冲突的唯一原因就是信念不同，以及数百年来对受害者位置的争夺。

一旦双方开始争夺受害者的位置，竞赛就有可能绵延好几代。一旦冲突发生在国家、种族或宗教群体的层面，就有可能绵延好几个世纪。

明白了争吵发生的原理，我们就能知道该如何解决冲突——无论冲突的双方是夫妻还是董事会成员，是国家还是宗教群体。事实上，我发现这是永久解决冲突的唯一办法。它背后的关键洞察是：情境中的每一个独立个体都代表着百分之百。冲突中的每一个独立个体，都对解决冲突负有百分之百的责任。换句话说，甲是独立且完整的百分之百，乙也是独立且完整的百分之百。如果参与冲突的有两个人，那么责任就是百分之二百。在解决冲突的时候，致命的错误是：认为应该把百分之一百的责任在两人之间分配，每个人分到一百的一部分。这个严重错误的思路制造出了严重的问题，因为它导致人们无休止地争夺受害者的位置。

如果没有意识到每一个人都是百分百的独立个体，你就要面对一个不可能完成的任务：把百分之百这个数字分配给冲突双方。这会导致荒谬的结果，比如数年前在丹佛（Denver）发生的一起医疗诉讼，陪审团裁定医生该负82%的责任，患者该负18%的责任。他们是如何得出这个结论的，至今不得而知，但当时就连法官也大呼荒谬。一旦你试图把百分之百分配给两个或更多的人，就如同进入了一条狭窄的、仅容一个人通过的隧道。唯一的解决办法就是给每一方都分配完整的百分之百，并且邀请他们承担起解决问题的责任。

如果两人都愿意承担起百分之百的责任，那么冲突就有望获得解决。任何一方少于百分之百都不行。既然总共要分担的责任有百分之二百，争抢受害者的位置就意味着你要求对方承担的责任多于百分之百，而你的少于百分之百。没有一个脑筋正常的人会同意这种分法，显然，过去几千年来，抱有这种企图的谈判全都彻底失败了。

然而，要是你告诉一位外星来客，说有些地球人针对一件事已经争吵了好几千年，这位客人多半会说："这怎么可能！"让冲突双方都承担起百分之百的责任，从而创造出一个解决冲突的新方法，这并不是不可能的。

不过，让咱们先从小处做起，比如卧室里，或是董事会的会议室里。以我上百次教练访谈的经验来看，我敢说，这个解决办法能带来奇迹。当人们走出受害者的位置，承担起百分之百的责任时，他们的婚姻和事业都恢复了蓬勃的生机。那真是美好又珍贵的觉察时刻。

在接下来的几千年，让我们用新方法来处理冲突吧。

生病，受伤

有些人的上限模式非常典型：当一切都顺顺当当的时候，他们就会生病或受伤。如果你想知道自己的某些病症或意外事件是否属于上限问题，就花点时间回忆一下自己生病或意外受伤的经历。你多半不会把每一次都记得清清楚楚，这要感谢上天，因为我们的头脑把生活中的很多痛苦细节都过滤掉了。但是，如果你能够回忆起一些生病或遭遇意外的经历，问问自己，它们是否紧跟着事业上的某次突破，或是发生在感情关系和睦融洽的时候。

当然了，不是每次生病或意外都属于上限问题。有些喜欢质疑的读者可能会问："嘿，我生病，就不能是因为有人冲我打喷嚏吗？我受了伤，就不能是因为我从自行车上摔下来了吗？难道每件事都非得是上限问题造成的吗？"回答是：人们生病的原因确实多种多样。然而，如果你由衷地想要实现重大飞跃，就肯定想把每一件令你痛苦的事情都检视一遍，看看它是否属于上限问题的症状。你会发现，你的健康程度可以远远超出想象。

有太多人从没想过头脑和情绪会对身体健康产生多大影响。但往这方面想一想是非常值得的。一旦我明白了上限问题是如何影响我的，我就开始细细检索生活中的每一个方面。比如说，如果我感觉到鼻塞，嗓子痒痒的，好像快感冒的样子，我就会停下来琢磨琢磨，我是不是给自己设限。很快我就发现，如果我把它们视作上限问题的症状，我就能躲开感冒。这大大改善了我的健康状况。到我写作这个章节的时候，我已经十三年没得过感冒或流感了。我之所以能长期保持健康，很大程度上要归功于我把生病和受伤视作上限问题的症状。下面我就来详细解释一下。

3P原则

如果有地图，探索就会变得容易些。我把我的地图叫做"3P原则"：惩罚（Punishment）、预防（Prevention）、保护（Protection）。这三个P打头的词可以帮你理解隐藏在许多疾病和意外事件背后的动力。在我的档案记录中，大概每一个P底下都有上百个案例。下面我就用几个生动的例子来解释这个3P原则。

● **惩罚**。瑞恩是一位事业成功的股票经纪人，他已进入中年阶段，已婚，也是社群中的主心骨。但他有个困扰，用他的话说就是"要人命的偏头痛"。跟他探索这个问题的时候，我发现他总是在下午三四点钟的时候犯病。探询再深入一点之后，他垂下头，说出了真正的原因：

每次偏头痛发作的当天，在午饭时段的那一个小时，他
总是会跟年轻的秘书小姐狂浪地偷欢。这些风流韵事，
他可从来没跟太太说过。

　　这个例子属于典型的"惩罚"。不难看出，瑞恩为何要用"要
人命的"偏头痛来惩罚自己。当我向他解释上限问题的时候，他马
上就明白了。他告诉我，他很多年没体会过这样的激情和乐趣了。
理智上，他知道出轨和撒谎不仅对事业有害，也会破坏婚姻中的亲
密感。然而，狂放的偷欢不只是感觉很爽而已，还让他觉得自己在
中年时期重焕新生。他再次感受到了当年"机车小伙时代"的那种
不顾一切的激情。

　　如果瑞恩那个理智的、清醒的、有意识的心智说了算的话，他
多半会采取下面这种有君子气度的解决办法：

这些欢愉的感受跟我的秘书没半点关系。我在借助出
轨来唤醒自己被压抑多年的情感。我把它们压制在尽职尽
责的生活与安稳舒适的婚姻之下。这次出轨事件是在告诉
我，我没有做到最好的自己，安于生活在天赋地带之外。
我的出轨事件源自上限问题。我要做出一个真诚的、坚定

> 的承诺：我要生活在自己的天赋地带中，这样我就能时时刻刻感受到自由鲜活的生命力，用不着再靠撒谎和偷欢了！

他那个理智的、清醒的、有意识的心智会这样处理问题。然而，我们的潜意识既不理智也不清醒，它只会直奔主题。瑞恩的潜意识心智拿出来的解决方案是用要人命的偏头痛来惩罚他的狂放乐趣。偏头痛是上限问题使出的手段，而且效果强到不容忽视。在爽翻天的午间时段过后，它迅速地把他拉回地面。头痛是不折不扣的乐趣杀手，它好似在说："你撒谎、出轨，不响应天赋地带对你的召唤，所以欢迎回到这痛苦的后果中"。

瑞恩能做到这么高的职位，说明他脑子肯定不笨。因此，他没用多久就解决了问题。他艰难地对午间幽会说了再见，也更艰难地跟太太进行了许多次长谈。那些充满勇气的对话给瑞恩带来了立竿见影的回报：偏头痛停止了。许多身体上的症状，比如头痛和腰背疼痛都是警告的信号，就好比你在高速公路上开车时，轮胎扁了，车子就会晃来晃去一样。这些症状在说，**慢下来，停下你正在做的事，你要注意啊，因为有些地方出问题了**。

幸运的是，瑞恩及时收到了警讯，他醒过味儿来，开始解决问题。他面前摆着两项重大任务：重建婚姻、在自己的天赋地带修建一个新家。接下来的两年，他花了相当多的时间来做这两件事。他不得不对从前的很多行为说"不"，并对多年来一直在心底暗暗涌动的梦想和愿景说"是"。比如说，他和太太都意识到，既然孩子们如今都已经长大离家，这座硕大的房子已经不再适合他们了。再比如，他把工作重心也调整了，不再做那么多一线管理，而是去指导年轻的高管们。指导和培养人才是他的天赋地带。他做得有声有色，而且这也给公司带来了极大的好处。

- 我把**预防**和**保护**放在一起讲，因为这两个因素总是一起出现。预防和保护的要点在于：当你生病或遇上意外事件的时候，很可能是因为你在无意识地阻止自己做一些不愿做的事，并且（或者）是在保护自己，让自己不必感受某些不想要的情绪。这些疾病和意外是你的无意识心智使出来的笨办法，它想要给你帮忙，但这个办法的代价可有点大！一旦你学会驾驭自己的上限，就可以用比生病和遭遇意外友善得多的方法来跨越障碍。我自己就曾经制造出好几次不必要的疾病和意外，因此我可以证明，有意识地采取行动，效果会更好。

下面我来讲一个预防和保护的例子。很多年前，我还在大学里当教授的时候，曾经跟一位才华横溢的同事共用一间办公室。就叫他史密斯博士吧。每个月，学院里会有一位教授向同侪们介绍自己的工作进程，比如目前在做些什么，未来一年打算做些什么，等等。我所在的系里有十几位教授，所以每人差不多也就是一年才轮到一次。就在史密斯博士要汇报工作的那天早上，他得了咽喉炎。他演讲开始前半小时，我到了办公室，却发现他正在用沙哑的嗓子跟系主任说，这次他讲不了了。系主任去取消会议，我安慰了史密斯几句，然后跟他说，在我的记忆中，他从来不会因为生病而耽误工作啊。事实上，他因为从不缺课，还被起了个"铁人"的外号。我问他，是否愿意把这次的咽喉炎当作上限症状来探索一下。你或许还记得，我第一次发现上限理论的时候就是在斯坦福，这是我测试理论的第一次机会。史密斯博士说可以试试。于是，在接下来的谈话中，我们发现了一个预防与保护的经典案例。

他告诉我，他和太太刚刚过了一个兴高采烈的周末，庆祝他终于做出了一个决定。很长时间以来，史密斯博士都想辞去大学教职，去私企工作。不久前，隔壁州有一个工作机会，上周五他去面试了，周末的时候他决定接受那份工作。"星期六晚上，我俩开了一瓶特别好的香槟，那是我们一直留给特殊日子的。"可是，随着星期一慢慢到来，史密斯博士不得不从醺醺然中醒来，面对现实。他不想把这个消息告诉学校，因为新工作里有些重要细节还没谈妥。你多半能体会到他的纠结吧。很久以来，史密斯博士都没有这么开心和激动了，可他暂时还不想跟别人说这件事。可是，在这次汇报中，他必须要装出对研究工作满怀热情，而他既不想做研究，也不想留在大学里了。他不愿撒谎，也不想假装，可他想不出还有什么办法能处理这种情况。这种左右为难的局面会让意识"僵住"，没办法做理性的思考。在这种时候，潜意识就会拿出解决方案。不过，这种方案一般都很原始，算不得妙计，但非常直接有效（而且往往夹带着某种痛苦体验）。

史密斯博士的潜意识拿出的解决方案就是咽喉炎。预防和保护挺身而出，前来搭救他。沙哑的嗓子让他不必做演讲，也保护他免受撒谎的尴尬。一听即知的明显病症，比如咽喉炎，就是一个能被大家接受的理由，让他不必参加几乎所有的社交活动。

我们聊到一半，咽喉炎烟消云散了，他的声音恢复了正常（虽然一开始他并没注意到）。就像叮叮响的电话铃一样，许多症状，甚至是最痛苦的那些，在你接收到讯息之后就会消失不见，不再来烦你了。当他终于发现自己的嗓子恢复正常的时候，下巴都快惊掉了。如果我告诉你，接下来他冲到了系主任的办公室，将令他愧疚的事实和盘托出，然后按原计划做了工作汇报，这个故事大概会更精彩吧。但真实的情节是，他选择闭上嘴巴，回家跟太太悄悄庆祝去了。

下次当你发觉自己肚子痛、头痛得突突跳，或是撞伤了脚指头的时候，问问自己是不是遇到了上限问题。有些时候，头疼就是头疼，但往往当你看得再深入一点儿，就会发现，这是你的上限问题在作怪。若是这样，这就是一个信号，说明你需要向外扩展，而不是向内收缩。这个信号告诉你，是时候敞开心怀，去拥抱崭新的、更高级别的积极能量了，这股能量正在努力地进入你的世界。潜藏在头痛之下的或许是一种洞察力，痛苦有多么消极负面，这种洞察力就有多么积极正向。表层的痛苦往往是因为你拒绝接收潜藏在底层的积极讯息。有时候，我们不敢去听这个积极的讯息，比如："是时候辞掉工作，去干点别的了"。我曾经陪伴数十位客户获得这样的觉察，他们发现，自己宁愿无意识地忍受长期头痛或腰痛的折磨，也不愿去面对那个潜藏讯息带来的恐惧和不确定。坏消息是，如果我们不愿去听那个潜藏的讯息，痛苦有可能会持续很久。好消息是，那些恐惧和不确定的感受只会存在片刻，一旦我们听见那个潜藏的讯息，并且开始采取行动，它们就会消失不见。

违反诚信

当你突破了一点点上限，然后又无意识地把自己拉回原地，一个最快的方式就是做一些违反诚信的事情。最常见的行为包括撒谎、破坏协议、隐瞒真相。如果你开始专注地觉察自己的这三种行为，就可以大幅度地超越上限，进驻天赋地带。

首先，让我们从最实在的、日常生活的层面上来理解诚信。许多人认为诚信是个道德议题。在某些方面确实如此。然而，对诚信二字还有更为本质的理解。如果你把诚信看作是物理层面的概念，而非道德层面的，你就会发现，它和那些毋庸置疑的自然力量（比如重力）没什么两样。早在道德还没发挥作用之前，诚信最原初的定义就是"完整"和"圆满"。比如说，你是个诚信的人，这意味着你是完整的、圆满的。你不诚信，意味着你的完整性被破坏了，就像圆上出现了一个缺口。把诚信看作物理概念，而非单纯把它视作道德概念，你就能拥有一个更加切实可用的工具。道德关乎好与坏、对与错，而这些都极具争议性。但物理是实实在在的，要么做了，要么没做，要么是，要么不是。下面我就来讲个例子，看看如果从物理的角度来理解诚信，会给日常生活带来什么价值。

让我们把人和人之间的交流想象成能量的流动。你和自己内心的交流也是一样。违反诚信会阻断能量的流动，就好像花园里用的浇水管里面卡进了一颗小石头，水就流不过去了一样。比方说，我们两人在街上遇见了。"最近怎么样？"你问我。"挺好的。"我说。可你发现，我的模样跟"挺好"完全不沾边。你发现我的嘴角往下撇了撇，眉头间也隐隐现出了川字纹。现在你需要做出选择。

你可以"礼貌地"无视你观察到的东西。或者，你可以提到它们，把交流推进到深入一些的层级："真的挺好吗？看上去你好像在担忧什么事情。"（顺便说一句，我只建议你跟你关心的人这样说啊，我觉得跟外卖小哥或处理违章停车的警员这样加深交流的意义不大。）

如果你决定打破表面上的礼貌，注意到我因担忧而皱起的眉毛，你就让能量在我们两人中继续流动下去了。如果你没有这样做，流动就会中止。下面我来讲讲为什么。沟通中的能量流动包括了你觉察到我皱起的眉毛。如果你选择不提这个觉察，流动就会受到阻碍。当能量之流想办法绕过阻碍的时候，压力就会积攒起来。这就像是浇水管里卡进了一颗小石头。我并没有说这个小石头是个坏东西，因为那就属于道德的视角了。它只是一个需要考虑进去的因素。我们交流的完整性被打破了，出现了一个小缺口。

想想比尔·克林顿说出这句名言的瞬间："我没有与那位女性发生性关系。"当时我刚好在看电视，看到他说出这句话的时候，我叹了口气。太太和我对视了一眼（我们两人都投了他的票），我俩都挑起了眉毛，因为我们马上就知道他在撒谎。我们是怎么知道的？你可以找到那段视频看一看，就会明白是什么泄露了秘密。说这句话的时候，克林顿轻轻晃了晃头，眼睛斜视了一下。这样的场面我亲眼看到不下数十次了：在给未成年犯或其他人做心理治疗的时候，每当他们要撒谎，我就会看到这样的微表情。在牌桌上，这叫做"露马脚"；在身体语言研究中，这就是撒谎的线索。在我们看来，这就像是一个闪烁不停的霓虹灯，透露出来的讯息远不只是"我确实与那位女性发生了性关系"，它还在说，"我就是个淘气的小男孩，在你们抓到我之前，我会一直这么干下去"。

　　克林顿这种性格类型的人，就是会不断地测试底线。他们好似控制不住自己。他们会无意识地一再试探，想要知道自己是不是比其他所有人更聪明。他们的行为不断升级，直到发现哪些事情不能做为止。为什么会这样？当肯尼迪总统的友人问他，为什么要把情人们偷偷摸摸带到白宫里？这样不但有可能会被人知道，也置国家安全于不顾。他说："我忍不住。"对一位总统而言，"我忍不住"可算不得迷人的性格特质，但不像我们可以直接看到克林顿的表现，当时的大众绝对没有这个机会。肯尼迪的任期比较短，而且当年的媒体好奇心也没那么强，对于那些风流韵事，他们一般都缄口不言。

　　克林顿的长篇故事纯粹是上限问题。他两次当选总统，支持率居高不下，经济又在蓬勃发展之中，而且最关键的是，他手中掌握着充足的预算。他心里有个小小的声音在低语："情况不可能这么好吧"。上限问题的开关被触发了，而历史也给出了自己的回答。

　　和绝大多数人一样，我也认为撒谎在道德层面上是不对的，但咱们就拿出一小会儿时间，把克林顿的小谎言单纯地看作是物理问题。这个谎言犹如园艺水管中的一颗小石子。水流被阻碍了；移除小石子的代价是五千万美金，外加所有人一年的时间。随着更多细节浮出水面，小石子和水流之间的战争愈演愈烈，直到不可避免的事情发生。莱温斯基那条著名蓝裙子上的DNA最终成为铁证。（给想要扯大谎的未来总统们提个醒：水流永远是赢家。想要无可辩驳的证据吗，看看大峡谷的景象就知道了。）

现在，咱们把注意力转回到实际的日常生活中。我们绝大多数人不会遇到像克林顿这么大阵仗的上限问题，又是DNA检测，又是被弹劾。那么，我们该上哪儿去发现自身诚信的纰漏呢？第一个要看的地方，就是我们对自己说出的微妙谎言，因为我们会把意识层面上不愿接纳的情绪隐藏起来。给大家举个例子。我为一对夫妻做过咨询。莎拉和约拿一起运营着一个家族企业，公司增长迅速，年营收已经达到了四千万美元。在第一次约谈中，两人相互埋怨了很多事情。约拿说，莎拉指责他跟两个女员工调情，这个指控真把他给惹急了。他气得要命，坚决否认自己对她们有那方面的想法。这件事迅速升级成为严重的争吵，一直持续了好几个月。家族企业的风险之一就是，家里人的争吵会波及家族外的成员，而且速度非常快。往往家族内的人还没意识到，影响就已经造成。夫妻俩终于决定来找我做咨询，是因为有天一个核心员工把他俩拉到一边，说：

"我不知道你俩之间出了什么问题，但拜托你们尽快解决好，我们大家都快被你俩弄疯了。"

我请两人先暂停一下，说说这轮争吵是从哪儿开始的。他俩的回答证实了我的猜测：这是一个上限问题。就在他们拿到史上最漂亮的季度营收报告之后，争吵爆发了。两人没有注意到，吵架刚好发生在一次庆祝活动刚结束的时候。上限问题会修改人们的意识状态。我们会变得"无意识"，或者说，与理性失去了联结。我们看不见大局了。

我问了莎拉和约拿一个有意设计出来的问题，目的就是把他们从争吵的"迷雾"中唤醒：

你们愿不愿意这样考虑一下：造成这次冲突的原因，并不是你们以为的那一个？

在我痛下苦功、努力超越自身上限的初期，我有了一个重要的发现：令我烦恼的真正原因，往往并不是我以为的那一个。如果我愿意考虑这个新的可能性，哪怕只有一小会儿也好，我就可以走出迷雾，然后我就能看见真正的问题出在哪儿了。不过，从迷雾状态中醒过来的时候，很多人的反应是惊愕："你说什么？"我这两位客户就是如此，所以我快速地给他们解释了上限问题的运作原理。

　　莎拉和约拿很快就把原理搞明白了，但就像刚刚从迷雾中走出来的人一样，还有一点摸不着头脑，不知道怎么在自己身上运用。我解释说，他们很可能是在阻止自己接受更高层级的成功和富足，而且这次争吵的根源并不是调情，也不是他们争执的任何一件事。或许那些问题确实需要解决，我说，但除非他们能先看见更大的图景。更大的图景就是，由于他们还不习惯接受更高层级的富足与成功，所以会有一种把美好感受亲手破坏掉的倾向。我提出，通过把能量浪费在批评对方、争论调情问题上，他们把自己困在了卓越地带。莎拉和约拿狐疑地听着我的解释，但两人都足够好奇，所以愿意跟我多谈一会儿。

　　随着我们的继续探讨，莎拉更详细地说出了她的体验和感受。就在拿到季度营收报告之后，她发现自己突然变得特别挑剔起来，对自己和对约拿都是这样。"无缘无故地，"她说，"我会突然在脑子里面盘点我自己的所有短处，还有约拿的。然后我就忍不住开始指责他，他也开始指责我，一来二去地就吵起来了。"

　　那调情又是怎么回事呢？这个指责是从哪里来的？经验告诉我，当你把某种情绪埋藏在心里之后，就会在别人身上看见它。在与性有关的感受上尤其如此。我想知道，会不会是莎拉感受到了某个异性的魅力，把它深深地埋在了心底，然后就突然开始关注起丈夫对异性的情感。如果真是这样，她也不是头一个。无数人都做过同样的事。这就叫做投射，关于它的运作机制，心理学教科书上有连篇累牍的讲解。简单说来就是，如果你心里怀有某种情感，却不知道怎么处理它，你就会把它封存起来，转头去处理别人身上的类似情感。我决定检验一下自己的直觉。

回到争吵还没开始的时候。你是不是对某个异性产生了好感，然后把这种感受在心里埋藏起来了？

此言一出，好似有一波电流传遍了房间。两人都瞠目结舌，就像被车头灯照到的鹿，不知该作何反应。随后，莎拉打破了沉默，攻击起问话的人。她凶巴巴地瞪了我一眼，冷笑道："那你觉得都是我的错了？"

"绝对不是，"我说，"这不是谁对谁错的问题，也不是指责，不是任何类似的意思。这是在帮你们看清楚你俩的关系。"约拿突然想起了什么："我想到了那次派对。"她白了他一眼，好像在说："又来了"。我请两人说说是怎么回事，突然之间，整件事都清楚了。

他们在朋友家里参加了一场盛大的聚会。刚好莎拉最喜欢的一款红酒可以无限量畅饮，用她的话说就是，那天晚上她"喝超了"。她跟一个刚刚在当地大学拿到工商管理硕士（MBA）的年轻男士投入地聊了起来。回家路上，她和约拿大吵了一架。导火索是，她提到那个年轻人可以自然又顺畅地表达自己的感受。而在情感交流方面，约拿向来都不擅长。在两人的争吵中，这个话题总是频繁出现。

"让我们回到那个时刻，看看能不能看到真正发生了什么。"我说。我指出，在她和那个年轻人的交流中，存在一些完全与情爱无关但非常重要的东西。我请莎拉仔细体会自己最深层的感受，寻找任何可能被隐藏起来的、不愿面对的东西。只花了几秒钟时间，答案就浮现出来了。莎拉的眼泪涌了出来，她说，和那个年轻人的交流触发了她心中很深的悲伤。她感到，她和约拿之间大概永远也不可能出现那么顺畅自然的交流了，对此她感到绝望。那个情景还触发了一种人到中年的灰暗想法，因为她已经四十五岁了，"开始走下坡路了"，她渴望在婚姻中得到深深的、情感上的亲密感，可她多半永远也体验不到了。

当人们开始在最深入的层面上倾诉时，就像莎拉做的那样，就会唤起其他人的勇气，让他们也加入进来。约拿专心地听着，当他开口时，声音非常轻柔："我从没意识到这对你这么重要。每次咱们提起这个话题，我都以为你在指责我。"

我做了个总结："你感受到了那个年轻人的吸引力，是因为你在情感层面上跟他有了联结。你非常希望能和约拿建立那种联结，但对此你感到绝望。如果得不到这个，你人生中最重要的一个目标就无法实现了。这是非常重大的事。难怪你开始指责约拿喜欢上了年轻的女员工。"她点头认同。约拿向前欠身说道："说实话，我也得说，我确实也挺喜欢她们，但我永远不会做什么。她们的性格都很随和。莎拉和我年轻的时候也是那样的。我想念那种感觉。现在每件事好像都变成了重大事件，因为我们总是要考虑钱，考虑公司，考虑每一件小事的后果。"约拿说这些时，我注意到莎拉脸上浮现出一种之前没有过的专注表情。这正是她想在他身上得到的那种交流。当他从内心深处与莎拉对话时，他就变成了她想嫁的那个人，邀请她进入一个能让她心愿圆满的地方。

从帮助人们解决冲突的经历中，我学到了一些东西。在绝大多数冲突的表面下，你会发现交战双方其实都感受到了同样的深层情感。两个人可能被锁定在愤怒的冲突中，时间长达好几周。可是，当他们潜入表面之下，就会发现，原来两人都对某件事情感到悲伤，而两人也都把那件事深深隐藏了起来。两人被锁定在相互的指责中，奋力证明对方是错的，却不曾花一点点时间去触及问题的真正核心。莎拉和约拿就是典型的例子。一旦我看到人们开始交流深层的感受，我就知道，奇迹有可能发生了：这段关系会重新焕发生机。在这样的交流状态中，他们变成了盟友，不再是敌人；当人们做到这一点的时候，真实生活中的奇迹就有可能出现。

在和莎拉、约拿接下来的几次约谈中，我们继续下去，把所有的深层感受都请出来见光。其中有悲伤，还有许多两人共同感受到的恐惧。他们害怕生命正在从手中一点点地流逝，因为他们把太多的时间花在了经营公司、招待客户、设计并建造梦想中的住宅，以及维持排场甚大的生活上。

走向完整的第一步：找到你的故事

在这一节的开头，我提到诚信的本质是完整和圆满。当我们做了一件事，将我们与自身的（或他人的）完整性分离开来的时候，诚信就被打破了。为了找出缺口，重新恢复完整，我们需要熟练地问出这些问题：

我对自己做了哪些不诚信的行为？

是什么在阻碍我感受完整与圆满？

我不希望自己觉察到哪些重要的情绪？

在我人生中的哪些问题上，我没有说出全部的真相？

在我人生中的哪些问题上，我没有信守承诺？

在我和_____的关系上，为了感受到完整和圆满，我需要说些什么或做些什么？

　　这样的问题能把你拉出限制性的人生故事。基本上每一个人都会有一个"为什么不去获得天赋"的人生故事，而且一直生活在其中。当我们身处其中的时候，很难发现它不过是个故事而已。这些故事之所以看上去如此真实（很难发现它们"不过是故事"），是因为在我们还没出生的时候，它们就已经存在了。一生下来，我们就身处在这些故事里面，它们不让我们去获得自己的天赋。我们在这些故事中长大，就像鱼儿从不曾意识到自己游在水中一样。

　　例如，在某个家族中，故事的主题是天赋让人不负责任。当年有位乔治叔叔抛下妻子和七个孩子，跑到斐济的野地去寻找天赋。除了他本人寄回来的一张照片之外，再没人知道他的音讯。在那张很吸引人的照片里，他咧嘴傻呵呵地笑着，身边站着一群当地的舞蹈演员。在另一个家族中，故事说的是天赋令人疯癫。塞西莉阿姨在1927年躲进了自己的房间写诗，接下来的四十年，人们总是听见她在里面咯咯笑或大声吼叫。还有个家族，故事变成了天赋会让人一贫如洗，老无所依。堂兄弗雷迪一辈子都在改良靠苏打水就能运转的引擎，结果老了之后只能靠送报纸糊口。这些故事一代代地流传下来，保护家族成员不要走得太远，免得走出了不胜任地带、胜任地带和卓越地带组成的牢笼。

　　无论你的故事是什么，首要的任务就是找到它。识别出在你的家族中流传的、教导你为何不应该去获得天赋的故事。找到它之后，接下来的任务就是别去相信它。不要因为自己曾经相信它而自责，大家都是听着这些故事长大的，你也不例外。多多相信新故事就行了，比如说，你实现了重大的飞跃，进入了天赋地带。渐渐地，这个关于天赋的新故事就会取代你无意中接受的旧故事。

用什么样的态度面对上限问题

对于发现上限问题这项任务，我希望你不会觉得它过于复杂，难以招架。如果你真有这种感觉，请记住，你只需要把它落实到具体行动上就可以，没有一个行动会花费很长时间。例如，只需要花十秒钟就可以辨识出你的身体感受到的情绪，比如悲伤或恐惧。只需要几秒钟，就可以把一件事的真相告诉另一个人，让你们之间破损了数年的关系重新恢复完整。在这个发现之旅中，如果你带着好奇而非责难的态度，必定会受益匪浅。换句话说，用轻松愉快的态度去面对你的上限行为吧，不要每发现一条就自责一次，这样你进步的速度会快得多。当我带着轻松愉快的好奇心和发自内心的兴趣面对自己的错误和缺点时，它们消融的速度要比我自责时快得多。

如果你愿意用幽默的态度对待自己和自己的缺点，进步的速度就会快得令人惊叹。比起反复思量和不停纠结，一笑而过会更容易些，也会让你身边的人感到轻松愉快。举个例子吧：有次我给企业高管们上高阶课，有些学员用首字母缩写ULP来称呼上限问题。有个学员说，他想起有些漫画书里的角色在遇到惊讶事儿的时候会说"ULP"。结果这个梗迅速流传开来，没过多久，大家就开始这样造句了："我今天遇到ULP来着。"还有"今天下午我发现自己陷在了ULP里面。"

我鼓励你也用这种轻松愉快的态度面对自己所有的ULP。充满玩耍心态的好奇心，正是生活在天赋地带的人的性格特征。为了激励自己，我在办公室的墙上贴了一张爱因斯坦的照片。那是多年前太太送给我的生日礼物，是我最宝贝的珍藏。他眼中透出的好奇心提醒我，要不断寻求人生中最深层次的真相，而且要抱着玩耍的态度，而不是工作的态度。

行动步骤

以下是我建议的每日行动步骤。这些具体行动会帮你走在正确轨道上，并且以最快的速度朝着天赋地带进发。

请你做出承诺，要带着玩耍与好奇的态度去研究自己的上限行为。经常在脑海中重复下面这句话，因为它传达出了我希望你拥有的心态：**我承诺，我要去探索我的上限行为，而且要开开心心地研**

究它们。比起心怀自责，当你带着好奇心和轻松愉快的态度面对它们，你能学到的东西会多很多。

把你的上限行为列个清单。以下这些都是最常见的：

- 担忧
- 批评与指责
- 生病或受伤
- 争吵
- 隐藏重要的感受
- 不遵守约定
- 不对相关人士说出重要的真话（如果你对约翰很生气，那么他就是你应该去沟通的"相关人士"。对弗雷德说你很生约翰的气是于事无补的。）
- 转移话题，过于谦虚

当你发觉自己做了上限行为清单中的某个举动，比如担忧，或是没有说出重要的真话，请你把注意力放到真正的问题上：去提升你对富足、爱和成功的容纳能力。

有意识地去多多觉察富足、爱和成功。把你所有的感知能力都调动起来，不要仅仅只用头脑。例如，在胸口和心的位置感受更多的爱；或者，当你察觉到成功和富足的时候，头脑会感受到满足，但身体上会有怎样的感受呢？请你去细细体验它们。

去接受和相信一个讲述你在天赋地带里冒险的全新故事。寻找一个全新的神话故事，或者自己创作一个，主题是：当你发挥出自己的潜力，就会充分绽放出光彩，你在这样的状态中快乐地生活着。

下一章中我们要探索的主题是：如何把你的新故事活出来。你将学到，如何超越所有的恐惧和魔咒——正是它们令我们把潜力关了起来。你将学到，如何为自己修建一个全新的地基，在这个坚实的基础之上，你将在天赋地带里尽情绽放。

第四章　在天赋地带建造新家

让每时每刻都成为天赋的表达

在这一章里，你会找到两个重要问题的答案：

我的天赋是什么？

我该如何发挥我的天赋，才能做到既服务他人，又服

务自己？

那些有勇气发现自己的天赋并将之充分发挥的人，将会实现人生的突破——无论是创造出的成果，还是人生满意度，都将达到无与伦比的新高度。

发现你的天赋地带，称得上是人生的重大飞跃。到目前为止的其他一切，都只能算是小步的蹦跳，不能叫飞跃。小步蹦跳看上去很安全，但实际上对健康有很大危害。如果你把自己局限住了，只允许自己蹦跳几下，那么你会冒一个很大的风险：从内部开始锈蚀。我知道这种感觉。在人生过半的时候，我发现自己的内心生锈了。那时的我在卓越地带里一点点地往前蹦，可突然之间，我发觉内心深处有种沉闷枯燥的感觉，做什么都提不起精神。起初，我想不明白这是怎么回事。当我仔细去体会的时候，我发觉这种感觉已经存在好几个月了，也可能是好几年了。

在当时那个人生阶段，对于让我取得成功的那些事，我差不多闭着眼睛都能做。比如写书、做演讲、给高管们做教练、开研讨会，等等。我不停地做啊、做啊，金钱源源不断地涌进来。很快，我就有了员工、一幢大楼、三所房子，还有一大批需要领工资的后勤人员。问题爆发出来的那一天，如今还历历在目。

那天我刚下飞机，累得精疲力尽。这趟出差，我在二十一天里跑了十九个城市，做了好多场演讲和研讨会。回家路上我去了趟办公室，在那儿遇见了一脸郁闷的会计和行政总监。他们说该交税了，由于现金短缺，我需要从自己的账户里挪出十二万美金来。那一刻，我觉得自己活像一个背着野猪回到部落的猎人，一心期盼着族人们的喝彩，还有一顿热乎乎的晚饭，可到了篝火旁才知道，我还得再打两头水牛回来才行。我窝着一肚子火，垂头丧气地回到了家，到了车库门口才发现开门按钮坏掉了。我只得把车子停在车道上，拖着沉重的步伐去拿信件。从信箱里抽出来的第一件东西是个硕大的信封，上面印着一行大字："恭喜您迈入五十岁！这里面是您在全美退休者协会的免费会员卡！"我停在那里，消化了一会儿这行字的意思，就在那一刻，我察觉到了那种无精打采的、沉闷枯燥的感受。

起初我担心是不是身体出了问题，于是去做了个全面的体检。

结果，除了发福多出来的二十磅体重，我的健康状况好极了。大概是因为我参加了太多次晚宴演讲，被招待得太好了吧。既然我的身体状况很好，那就说明我需要向内看。这样做的时候，我找到了生锈的源头，这个发现改变了我的人生。那个源头就藏在我眼皮底下：我再熟悉不过的上限问题。虽然在头脑层面我非常了解它，可我还是舒适又麻木地停在了自己的卓越地带。事实上，我过得太舒适也太麻木了，以至于上限问题偷偷溜进来逮住了我。在不知不觉的情况下，我在卓越地带里过起了如此舒服又刻板的生活，以至于无视了天赋地带的召唤。幸运的是，我及时听见了它的讯息。我希望也能帮你听见。

　　每一天，我们都需要认真寻找上限问题的迹象。这是一个持续不断的任务，因为我们会不断提高对自己的要求。得到好结果之后，我们会想要更好的。我们内心里的一部分非常想要生活在天赋地带，可与此同时，身边的一些力量又会把我们拉回来。我们身边的人希望我们留在卓越地带，因为待在那儿的我们更加牢靠。

　　我刚刚结束一次会面，对方是一男一女，都是哈佛大学的MBA（工商管理硕士）。拿到MBA学位是个了不起的成就，这需要决心和努力，人也要聪明才行。然而，这也只是一个小步的蹦跳，不是飞跃。我们多半都认识不少聪明又勤奋的人，他们都取得了不易得到的成就，比如获得哈佛大学的MBA。但我们也都知道，其中绝大多数人永远没能实现重大飞跃，进入天赋地带。如果你想仔细观察这种现象，只需要参加一场同学聚会就知道了。

就在没多久前，我参加了一场校友聚会。大家都是在20世纪70年代进的斯坦福大学，拿到了博士学位。"咨询心理学"项目旨在培养该领域的佼佼者，所以我们绝大多数人后来都成为了大学教授，或是私人执业的心理医生。那天大家聚在一起，是为了庆祝当年的一位教授光荣退休，圆满地结束了漫长而硕果累累的职业生涯。聚会的气氛好极了，洋溢着欢乐和祝福，还有温馨的回忆和能够开怀畅饮的美酒。不过，几杯酒下肚之后，深层的情感渐渐涌动出来。那个晚上最终沦为一场抱怨大会。

在满屋子五十多岁的中年人士中，大约只有我们五六个人看起来是真的满意目前的生活。当了教授的校友们抱怨冗赘的官僚体系和管理制度没法支持他们做学术研究。他们吐槽可怜的薪水，以及严重短缺的教师停车位。主题是："要不是为了_____，我就去做我真心想做的事情了。"开了私人诊所的心理医生们也有一肚子抱怨：保险公司付款太慢，烦人的文书工作没完没了。心理医生比教授挣的钱多多了，所以医生们的抱怨里掺杂了更多金钱上的烦恼。他们苦涩地谈起贪心的前妻、高昂的赡养费、漫长的工作时间、不懂感激的客户，还有身心俱疲的感受。主题也是："要不是为了_____，我就去做我真心想做的事情了。"

让我尤为震撼的是，教授嫉妒医生，而医生也嫉妒教授。在教授们看来，医生们都是人生赢家：丰厚的报酬，豪华的办公室，还不用参加教职工会议。而在医生们看来，教授们捧的是铁饭碗啊，他们有稳定的薪水，免费的办公空间，上班时间短，还有充足的时间著书立说。

那天晚上，我听了一个又一个希望破灭的故事。终于，在这么多抱怨里面，没有一个是真的因为顽固的官僚、短缺的车位、不知感激的客户，等等。换句话说，这些聪明善良的人确实不开心，但原因全都不是他们以为的那些。他们之所以会抱怨，全都是因为没能实现重大飞跃！从这个角度来看，每一个故事都有了不同的意义，听完之后，我也开始提出与之前完全不同的问题。

听完一段抱怨之后，我会问："如果外界的影响都不是问题了，比如钱、保险公司或官僚系统，那你真正想做的是什么？"从大家给我的答案中，我学到了很多东西。首先，几乎每个人都能清楚地告诉我他们真心想做的事。比如说：

- 我想去写构思了很久的那本书。
- 我想录一些视频，这样就会有更多的人了解我使用的技术了。
- 我想给世界带来更大的影响。

但引起我关注的是这些"宣言"背后的情绪调性。每一次，说话人的脸上都会浮现出渴望的神色，但有些人的渴望中夹杂着希望，有些人的渴望中满含沉重的绝望。渴望是一种持续了很久的、总是会浮现出来的情绪，说明你很想得到一样目前得不到的东西，或者是你认定自己得不到的东西。如果你认为还有得到的可能，你的渴望中就会掺杂着希望；如果你认定自己得不到了，你的渴望就会沉入绝望的泥沼。在那天晚上的每一段对话中，我都听到了渴望。

那晚我还学到了一样东西。绝大多数人都有一个精心编写的、理由充分的故事，来证明自己为什么不能做出重大飞跃。有人的理由是家庭："我抽不出来时间写作啊（或者是拍视频等），因为我的家人需要我。"有人的理由是压力："有段时间我试过早上五点钟起床写书稿，可那样的话我就没精力给晚上六点和七点的客户做咨询了。"还有些人的理由纯粹是金钱："我没法做真心想做的事，因为那样就挣不到现在这么多钱了。"

倾听这些故事的时候，有时我会听到真正的恐惧浮现出来。在每一桩抱怨背后都隐藏着一个巨大的恐惧：**如果我真朝着天赋地带跳过去了，我有可能会失败啊。如果我真的发挥了自己的天赋，却发现它不够好，那可怎么办？**最好还是把天赋精灵关回瓶子里，我继续在卓越地带待着吧。这样的话，我就用不着冒险做什么重大飞跃，到头来还发现它不够好。这样的话，我就不会发现那个难为情的可能性了——我压根就没有什么天赋地带。

除非你极为幸运，或是觉悟程度极高，不然你很可能会听到这些窃窃的低语，感受到喋喋不休的恐惧。它们是整个交易的一部分。我不会劝你把它们灭掉，你也用不着这么劝自己。你只需要听到这些声音，感受到这些恐惧就可以了，不用再做别的。你用不着努力去摆脱它们。它们还能上哪儿去呢？你需要做的就是看见它们，朝它们挥挥手，让它们知道，你觉察到了它们的存在。然后，你就去忙你该做的事儿吧：进驻你的天赋地带。

先做一个承诺

来跟我迈出崭新的一步，这一步将会把你锚定在天赋地带。还记得我在第一章开头问你的那些问题吗？现在我想问你一个新问题，它会帮你发动助推的引擎。

我希望你能做出重大飞跃，进入天赋地带。我在那儿获得了极大的喜悦，那是一种持久的、充满意义感的快乐，任何感受都无法与之相比。在天赋地带，你不会觉得自己在工作。即使你花在那里的时间带来了丰裕的收入，你也不会觉得你在为这些财富费力。在你的天赋地带，工作给人的感觉好像不再是工作了。

在天赋地带，时间给人的感受也会变得完全不同。时间好似会延长，支持你完成要做的事。你有足够的时间去做最想做的事。关于这个非同寻常的现象，你会在第六章（"爱因斯坦时间"）了解到更多。目前你只需要知道，在你的天赋地带，时间不会飞逝而去——它会舒缓地流动。

听上去怎么样？你愿意做出承诺，今后永远生活在天赋地带吗？如果你愿意，我可以向你保证，在真实生活中，你想体验到多少奇迹，就能体验到多少奇迹。

在帮助人们发现自身天赋的教练过程中，我发现，先许下承诺是至关重要的。就算你不知道该如何到达也没关系，先许下承诺。在《夺宝奇兵》第三部中，主角印第安纳必须要先迈步踏入虚空，显示出他坚定的意志和信念，然后一座桥才会奇迹般地出现在他脚下。承诺的力量会令通往天赋地带的道路显化出来。如果你许下了一个坚定有力的、发自内心的承诺，一个表明你由衷地希望生活在天赋地带的誓言，你的路途将会得到祝福，在每一个转弯、每一个拐角都有非同寻常的好运。承诺就具备这么大的力量。

我邀请你此时此刻就许下这个承诺。和上天签订一个协议，许下一个正式的承诺，表明你愿意生活在天赋地带。

在约谈中，我会使用这样的句子：

　　我承诺，我要生活在我的天赋地带里，从此刻开始，

直至永远。

　　轻轻对自己念上几遍，留意身体的感受。然后再把它大声说出来，重复几遍。细细品味句子的字词和音韵。当你准备好，可以正式许下承诺的时候，从心里把这句话念出来，就如同你和上天签订了一份正式的合同。

运用四个问题，发现你的天赋

　　发自内心的承诺就是通往天赋地带的大门。现在，你已经迈步踏入了未知，桥梁将会在你脚下显现出来。通往天赋地带的桥梁是一连串你需要向自己提出的问题。事实上，"提出问题"这几个字并不能确切地表达出我的意思。我希望你能带着好奇心，认真地琢磨这些问题，好好地运用它们。这些问题是精心设计出来的，目的是帮助你把隐藏的宝藏从内心深处挖掘出来，而"带着好奇心琢磨"就是你的挖掘工具。带着好奇心琢磨，意味着带着开放的头脑和心灵去探索。"琢磨"二字，就暗含着"我想知道、我想找到答案"的意思，所以，就请你带着这样的心态，去探寻这些问题的答案吧。

天赋问题No.1

第一个天赋问题是：

我最喜欢做什么？

（我太喜欢做这件事了，就算连续做上很久很久，也不会觉得累或无聊。）

当我第一次思考自己的天赋是什么、如何进入我的天赋地带时，我花了大量时间去琢磨，怎么才能把"天赋"和"卓越"这两个概念区分清楚。最终我发现了问题的关键：天赋是与我真心热爱的事情相连的。这就是为什么我想让你认真地琢磨琢磨，你最热爱、最喜欢做的事情是什么。

我琢磨了一个多星期，渐渐发现了我最热爱的事情：把宏大的、重要的、足以改变人生的观念翻译成简单的、实用的东西，让人们可以在生活中运用它们；还有就是构思出，或者是直接从"源头"下载这些足以改变人生的实用工具。我一直都没搞清楚，这些观念究竟是我想出来的呢，还是因为我打开了大门，把来自另一个维度的信息放了进来。或许得到的方式并不重要，只要它们有用就行。

　　凯瑟琳和我曾经给两位女士做过教练。朗达和辛西娅的企业咨询业务遇到了困难。两人原本在单打独斗，都做得很不错，为了提升利润和降低成本，她们把公司合并了。然而，合并却没有带来预期的营收增长，所以她们过来咨询，想看看是什么因素在拖后腿。我们并没有在成本、营收以及其他业务层面上探讨，而是把焦点放在了热爱上。我们问她俩："在公司的业务里，你们最喜欢做的事情是什么？"两人的回答揭示出了问题的症结，也给出了答案。这个问题让她俩眼前一亮，两人说，她们之所以想一起工作，而不是单打独斗，主要是因为她俩都能把愉快玩耍的精神融入工作中。各自执业的时候，两人在业内都很出名，因为她们可以把轻松的玩乐态度带入沉闷的、关于预算和目标制定的企业会议。她们心想，要是两人合伙工作，那么，翻了倍的玩乐精神不是可以带来更大的成功吗？听完这些，我们花了几分钟时间看了看她们的公司网站和精美的介绍手册。只需看上一眼，就知道里面缺了什么。"在你们的介绍资料里，玩耍的精神上哪儿去了呢？"我们问道。网站和手册都设计得非常漂亮，呈现出来的气质也非常专业，可是一点玩心都没有。就连公司使命的措辞也是那种既沉闷又规矩的套话。朗达和辛西娅突然意识到，为了显得更专业、"更像个公司"，她们把最关键的元素漏掉了。两人发现，缺失了玩乐之心以后，她俩已经不像自己了，这自然而然地反映在了业务上。我们建议，当她们自己感受到那种玩乐精神的时候，去修改网站和小册子。如果过程中感受不到那种精神了，不妨就停下来，等到再度能感受到的时候再继续。后来我们听说，当她俩把玩心放回到原来的位置之后，公司的业务就呈现出健康的增长态势了。

所以，问问自己最喜欢做的事情是什么，走进天赋地带的外围吧。不断琢磨这个问题，直到你可以在身体层面清晰地感受到答案正在渐渐成型。目前你还不必清清楚楚地看见它的具体模样，只要感受到它在你的内在闪烁着微光就好。

天赋问题No.2

现在，让我们把"最热爱的事"变得更具体一点儿。下面就是我希望你琢磨的第二个天赋问题：

你在做哪些事情的时候，一点儿也不觉得是在工作？

（这件事我可以一直做上一整天，一点也不觉得累或无聊。）

在你对这个问题的回答中，深藏着极有价值的东西。当你做这件事的时候（同时没有背负经营企业的压力和烦恼），你最开心，最快乐。做这件事的时候，你会想："这就是我做这份工作的原因啊！"

　　我有一位咨询客户名叫鲍勃，他五十多岁，一两个月前刚刚晋升为一家大企业的CEO。他来找我的原因是，用他的话说："自打我接手了这份工作，我就没睡过一个踏实觉。肯定有哪里出了问题，但我不知道怎么回事"。我飞到了芝加哥，看看我们能否找到是什么在困扰他。第二个天赋问题正是钥匙。当我问他，在他的工作中有哪些方面对他来说不像是工作，他告诉我，他最喜欢的就是在公司里"四处闲逛"，跟其他管理人员聊聊他们在想什么，有时候十秒钟，有时候五分钟。他说，在这些随意的谈话中，他做成的事情比正式会议里做得还多。突然间，一切明朗了。他说："你知道吗，自从我当上了CEO，我一次都没有这么干过。"部分原因与行政安排有关，因为如今他的办公室是个大套间，跟他之前"闲逛"的区域不在一起。此外，新的数据和信息几乎把他压得喘不过气来，他几乎把所有的时间都用来消化这些了。他保证要重新开始闲逛，甚至趁我在公司的时候就去逛了一小时。当晚我飞回了家，第二天我听说，他睡了一个踏实觉。

　　日常生活中总有必须要做的琐事，它们会把宝贵的时间一点点地侵蚀掉。如果你和绝大多数人一样，你会对此感到悲哀或烦躁。当你取得的成功越来越多，这个问题给你带来的压力也会越来越大，那是一种不正常的匆忙感，非常不健康。我相信，这种逐渐增

大的压力感就是天赋地带对你的召唤。但我亲眼得见，当人们敞开
心扉，去探索自己真正的天赋是什么的时候，这种压力就消失了，
而且速度之快堪称奇迹。如果你也感受到了这种压力，那你选本书
就选对了，我很高兴你选中了它。

天赋问题No.3

　　心灵与头脑相遇的地方，是一片广阔的游乐场，第三个天赋问
题就出现在这里。

　　　　在我的工作中，如果把我得到的收益和满意度除以花
费的时间，哪件事得分最高？
　　　　（当我做这件事的时候，就算我只做短短十秒钟或几
分钟，也能想到个好主意，或是与这件事建立深深的联
结，而这些能产生巨大的价值。）

　　在拿这个问题问自己的时候，我发现，我有一部分天赋是在头
脑中自由地酝酿创意。也就是说，产生了一个想法之后，我可以不
去评判它，就让它自然而然地翻滚、变形、生长，直到某些有用的
东西出现。有时候，我需要把一个点子翻来覆去地想上好几年，才
会开花结果，但也有些时候，我只是这样自由酝酿了几秒钟，就给

我带来了几百万美元的收益。我从来都不知道这个过程会走向哪里，它有没有目的地我都不清楚。但激动人心的地方恰恰就在这里，就是因为我"不知道"。或许，"不知道"这三个字正是这个过程的秘诀所在。

一次又一次地，我听到企业高管们抱怨："要是我能安安静静地坐在办公室思考一个小时，不被人打扰，这能干成多少有价值的事啊。"他们的语气里充满了挫折。现在的我不再这样抱怨了（但我以前经常这样说）。多年以来，我每天至少花一个小时冥想，就让思绪自由放飞。我认为，最重要的事情就要先做，所以我每天给它留出固定的时段，这是个非常实用的方法。

对于三号问题的答案，你想到的那件事可能和我的完全不一样，但我跟你保证，在你的工作中，必定会有某些核心的部分，会为你带来最高的收益。或许，它是用某种特定的方式和你的员工或客户沟通。或许只是拿起电话，和某个关键人物聊一聊。不管它是什么，我希望你找到它，然后我希望你把它标记成"最高优先级"，匀出时间来，每天都去做一会儿。以我自己为例，我发现，一个特别有用的办法就是把这件事编入每天的日程表。今天早晨，以及过去几十年里的每一个早晨，我都会坐下来，做半个小时的冥想和自由思考的游戏。我把这件事安排在一切"正式工作"之前，比如看邮件、写作、做项目规划，等等。对我来说，如果一件事属于最高优先级，那就意味着要最先做它。

选定最高优先级的事项，然后坚持去做，这是需要下狠心的。举个例子：几年前我给一位名叫南希的客户做教练，她极其想写侦探小说。可她还有三个孩子和老公，而且她还特别热心教会和社区的各种事务。南希已经出版了一本小说，销量相当好，所以出版社希望她继续写，但也还没有好到能让她请个阿姨帮忙做家务，或是雇一个助手来帮她工作的程度。在我们的首次约谈中（也是唯一的一次），我请南希说说她的一天是怎么安排的。她告诉我，把孩子们送去上学、把老公打发出门工作之后，她就收拾屋子，打理家务事，比如对账单、列购物清单，等等。然后她说："要是我还有精力的话，就坐下来写作一两个小时。如果没精力了，我就小睡一会儿，然后趁孩子们放学回家之前，尽量写一小时左右。"

我根据南希的讲述，把她对事情的优先排序整理了一下。"家人是最优先的，对不对？"她说："对。""排在第二位的是家务事，第三位的是写作。"

"不对！"她大叫，"写作可比做家务什么的重要多了。"我指出，如果真是这样，那么她应该先去写作，然后做家务。她的回答正是解开难题的关键。她说："可是，除非我把家里收拾得干干净净的，把各种事情都安排好，不然我没法坐下来写啊。"

"你当然能，"我说，"你只是认为你得先把那些事儿做了。

这个想法是从哪儿来的？"她说："可是，要是我老公下班回到家，发现家里又脏又乱，而我却坐在那儿写东西怎么办？"

"那他会发现，他太太认为表达创意比收拾屋子更重要。你觉得他会因为这个不高兴吗？""应该不会，"她说，"我觉得他反而会很开心。"随着我们的谈话继续深入下去，一切清晰起来。上限问题让她把自己束缚在了家务事上。南希的潜意识构建出一幅灰暗阴郁的画面——如果她一往无前地冲到天赋地带，就会发生可怕的事。在她的想象中，如果她把全部精力投入写作，就会忽视家人；如果家人缺少了她的关注，就会过得非常糟糕。南希看到了这种想法的荒谬，此外她还看到了隐藏在下面的真正恐惧：如果她把更多精力投入创作，就有可能遭遇更大的失败。要是维持在小打小闹的级别，可能就不会面对更大的拒绝了。

在这次约谈中，我们还发现了另一个重要的议题。南希还认识到，自己另一个很大的恐惧是怕自己的光芒盖过了姐妹。她有三个姐妹，第一本小说出版时，她得到的反应相当复杂：一个姐妹开心极了，非常支持她，但另外两个表现出的是嫉妒和不服气。她的潜意识拿出了解决方案：踩下创作的刹车，用家务和日常生活中的其他压力把自己弄得精疲力尽，希望这样子就能让姊妹间的紧张关系消失不见。

我建议南希看到另外一个可能性：不要为了让姐妹们不嫉妒而

停下脚步。勇往直前，用你的尽情表达去鼓舞她们，带动她们。你没法控制她们的感受。她们有何感受是她们的事。没准你就算买了个新冰箱，她们也照样会嫉妒。所以，不用管那么多，你就朝着自己的目标一路向前，写出几本畅销书来。那样的话，她们嫉妒也是值得的。况且，她们或许还能受到你的启发，往积极的方向走，去做一些对自己的生命很有意义的事情。

约谈结束时，我给她留了个作业：下一周，做任何跟家务有关的事情之前，先坐下来写。我告诉她："把先生和孩子们送出门后，逼着自己先写上一两个小时。打破原有的模式。你的头脑可能会努力地把你带回到旧模式里。它可能会尖叫：'不行！不行！把那些盘子洗了，把这堆衣服放进烘干机，然后再写！不然的话，文明就要崩塌了！'对于这些不请自来的建议，礼貌地谢谢你的头脑就行，然后别管它说什么，坐下来写就是了。"

后来我没有再见过南希，但她给我打过几次电话，汇报进度。她接下来的这个任务并不容易。这么多年来，她就像被编了程序似的，一直在按照既定的方式做事。在她的成长时期，她母亲做了全职妈妈，天天把家里打扫得一尘不染。她用了很多个星期，才把创作放到了家务琐事前面。这期间，她不止一次地又回到了旧模式，但接下来的一年，她成功地把创意工作摆在了优先级清单上该在的位置。

天赋问题No.4

请你深吸一口气，然后舒展开来，去拥抱一个关于你自己的全新概念。第四个天赋问题邀请你用最不同寻常的方式去思考"你是谁"。它请你去辨认你身上独特的、无价的天赐能力。对这部分自我的探索不是自吹自擂，也不是自高自大。你需要用清晰的、客观的眼光，去发现自己被深深埋藏起来的特质，因为你要运用这个特质，把自己和他人的生活变得更有价值。这个问题是：

我的独特能力是什么？

（我天生具备某种特别的能力。当我充分认识到它，并且把它完全发挥出来的时候，这项独特的能力会为我本人和我所在的任何组织带来巨大的收益。）

我们要寻找的是最深层的本质。如果你看向最深的层面，去寻找你这个人最根本的特质，你就会发现上天赐予你的独特能力。那项天赋是你对周围人们做出的最大贡献。它是你在工作中表现出来的最出类拔萃的能力。你也可以把它运用在生活当中，同样能为自己带来极大价值。（并不是说这项能力在世界范围内独一无二。天底下可能有数百万人都有这个能力。然而，在你的生活或工作圈子里，它通常是独一无二的。）

你知道自己的独特能力是什么吗？或许你已经找到了答案，但是，如果还没有，我很乐意告诉你如何寻找它。首先，让我跟你分享一个我常用的画面。你见过俄罗斯套娃吗？打开外层的那个娃娃，里面装着一个小一点的；把那个小一点的打开之后，里面还有个更小的。寻找独特能力的过程跟这个很像，能力也是一层套着一层的，你的独特能力往往隐藏在某个更宽泛的能力之下。你可能都没有意识到，正是因为你具备那个独特的能力，所以才能发挥出包在外层的那项能力。

举个例子。我一直到三十多岁才发现了自己的独特能力。其实我一直在使用它，但就像鱼儿生活在水里一样，我觉得它就是理所当然的。我从没想过它也算是一种能力——可以被清晰地描述出来，还可以被磨炼得越来越强。我知道自己很擅长帮助人们解决问题。在二十四岁之前，我从没接受过任何关于心理治疗的训练，但据家人说，我在很早的时候就表现出这种倾向了。还没上小学的时候，我就在外婆家的客厅里用纸板箱搭了一个"办公室"。我告诉家人，我的工作就是帮助别人解决问题。据他们说，我非常明确地表示过，头疼脑热这种事儿我不管，去找普通医生就好了，我的专长是解决人的烦恼。我在美国南方的一个小镇长大，那里一个精神科医生或心理医生也没有，所以我完全不知道这种想法是从哪儿来的。（我也应该提一句，我在咨询行业的第一次创业彻底失败了，因为没有一个家人购买我的服务。回头重温这段历史的时候，我能原谅他们的行为。没人愿意去找一个还穿着短裤、骑三轮童车去上班的心理治疗师吧。）

我的独特能力隐藏在"帮助他人解决问题"这个外层能力之下。最确切的描述就是，我有办法帮助人们想出之前从没想到过的、创新性的解决方案。我能创造出一个空间，启发我自己或我的客户想出创新的解决办法。现在我就能真切地感受到这种能力：我尊重创意产生的过程，还有就是，当新想法浮现出来的时候，我能够不带任何评判地倾听它。我可以耐心地等待一个新解决方案渐渐成型，无论这需要花多长时间。很可能是因为我愿意等，等多久都没关系，它往往很快就出来了。

我给你讲一个真实案例。有一次我给一家财富五百强企业的一把手和二把手同时做教练。在是否要在南美建新工厂的问题上，两人产生了冲突。请我去的时候，他们已经较劲了两周之久。冲突已经演变成了意气之争，其他高管都没办法了。我问他俩的第一个问题是，他们愿不愿意通过我们的约谈，得出一个创新性的解决方案，无论这个过程要用掉多长时间——两分钟没问题，两天也可以。他们说行，所以我问出的第二个问题是："你们觉得真正的问题是什么？"这话把他们问糊涂了，所以我解释说，但凡冲突能持续这么久，比如他俩遇到的这一个，一般都不是因为表面的那些因素，而是另有真正的原因。他们说，这个他们也明白，但完全想不出真正的原因是什么。

我发挥能力的时候到了。我说："那就让我们等一等，听听看。没准有些什么会冒出来。"我们默默地坐在那儿。十秒，二十秒……一个人咳嗽起来，然后再次鸦雀无声。又过了二十秒。终于，一把手开口了："我觉得我正在失去对公司的掌控。如果我们把新厂建在那边，不就跟我们创立的这家公司说拜拜了吗？我是个工程师，我喜欢在研发部门里走来走去，想跟哪个工程师聊，就聊上两句。"二把手坐在一边，一脸震惊。"是这样啊，"一把手继续说，"以前我总是站在停车场上，看着咱们公司的大楼。我喜欢那种感觉。一切尽在掌握。可现在咱们增长得这么快，在大堂里我会遇上完全不认识的员工。想想我都觉得吓人。"

终于，二把手说话了："我明白了。之前我没搞懂你是怎么了。这事你怎么不告诉我？"

一把手无奈地摊摊手："我也是刚刚才发现。"几分钟后两人想出了创新性的解决方案：按计划还在南美建厂，但是把原本放在新厂的研发部门放到现在的公司总部。这样一来，一把手就可以继续在工程师身边走来走去，把他热爱的那部分业务留在离家近的地方。

　　在商业世界，尤其是今天，你真的无法容许这样的冲突持续很久，因为代价太大了。冲突会导致金钱损失，还会拖延关键决策。面对市场变化，决策层本该拿出快速的反应，结果却变得拖泥带水。造成这两位高管冲突的原因之一，是他们没能打开两人之间的空间，因此更深层的沟通就没法出现。一旦这样的沟通出现，问题很快就能获得解决。建新厂变成了商业决策，不再是情绪问题。

　　就在我写这个章节的时候，意想不到的一幕发生了。当时我听到我的两个孙女正跟小伙伴在泳池里玩。伊茉金十岁了，艾尔西十二岁，我太太凯瑟琳在旁边照看着她们。对我来说，孩子们玩耍嬉闹的声音是世上最甜美的，后院传来的笑声和尖叫声是那么快活，所以我离开静静的书房，搬到外边去工作，好离她们近一点儿。

　　没过多久，小丫头们就游到泳池边上来，问我在干吗。我告诉她们我在写一本关于上限问题的书。艾尔西和伊茉金点了点头（她俩就是听着这个词儿长大的）。艾尔西的小伙伴汉娜问道："什么意思？"这下我有机会去听一个十二岁的孩子怎么跟另一个十二岁的孩子解释这个概念了。艾尔西立马答道："如果你不知道自己可以活得开心，可以感觉很好，那你就会在一切都挺好的时候，折腾出点什么，把事情搞砸。"我疯狂地打字，竭力想把她说的每一个字儿都记下来。汉娜让她举个例子，艾尔西想了一小会儿，我赶紧趁机把字打完。终于她说："你还记得上周咱们玩球那天吗？那个叫弗兰基的小孩突然闯过来，把球踢到篱笆外面去了？"汉娜点点头："他总是干这种事。""对呀，"艾尔西说，"他这就是上限问题。他总是不肯让自己开开心心好好玩。"先不说我这当爷爷的有多自豪吧，我认为这个上限问题的定义总结得相当不错。

看到大家聊得很起劲，我就告诉她们，我正在写关于独特能力的章节，我问她们："你们觉得自己的独特能力是什么？"我解释说，独特能力是一个特别的天赋，是一件你确实很擅长的事，而且也对周围的人们很有价值。我正准备换个方式再解释一下，艾尔西插了句话："就像超能力，是不是？"她说起一部电影，里面有四个大英雄，个个都有超能力，可以打败大坏蛋。伊茉金马上明白过来："没错，就像超能力，但这个是真的！"我觉得我想不出比这更好的解释了。

我问小丫头们："那你们的'真的超能力'是什么呢？"艾尔西马上说："我能感受到别人的情绪。"

我马上表示赞同。差不多从她呱呱坠地那一刻起，我就知道她是我见过的人里最敏锐、最有觉察力的。大概是受到艾尔西的影响，另外两个小姑娘说出的答案也很类似。伊茉金说她的独特能力是能看出来别人生气了，却在努力地隐藏。汉娜说她的能力是能看出来两个人是不是互相喜欢。想到初中校园里会发生的各种戏剧化事件，我告诉她们，这些能力可太有用啦。

现在，说回到你的独特能力。我希望你能清晰明确地把自己的天赋说出来。为了做到这一点，我设计出了一套练习，帮助我的教练客户寻找天赋时，我用的就是这个工具。

清晰地说出你的独特能力

下面我们来看看，如何加深你对自己内在天赋的理解。回想我们前面提到的俄罗斯套娃的画面，咱们先来看最外面的那一层。这是一个比较宽泛的能力，你的内在天赋就隐藏在里边。举个例子：四十岁左右的安妮是硅谷一家咨询公司的CEO。当我问及她的独特能力时，她说："主持会议。"这就是套娃的最外层。现在，咱们来深入一层看一看。我问她："当你在主持会议的时候，最得心应手的事是什么？"

她想了想说："有一个是，我知道应该在什么时候、用什么方式叫停讨论，带着大家继续往下走。"这句话给出了一些细节，但依然还不是最核心的能力。我又问了一个问题："你是怎么知道该在什么时候叫停的呢？"她想了好一会儿，然后说："我从没想过这个问题，但我会感觉到屋子里的能量发生了变化，我心里的能量也是。每当屋子里发生了这种变化，我就知道，应该往下走了。"当我们探讨这个更为微妙的能力的时候，她的脸上焕发出一种光彩。每当看到这个线索，我就知道，面前这个人快要发现自己的独特能力了。在这种时候，人们的脸上会露出恍然大悟的惊喜表情，同时也在全神贯注地思索。"现在想来，"她说，"很小的时候我就会这么做了。这样在爸妈吵架的时候，我就能躲开。"她告诉我，她在乱糟糟的家庭环境中长大，父亲严重酗酒，母亲因为要承担过多的责任而满腹怨气。

绝大多数人初次运用自己的独特能力，往往就是在童年时期，为的是让自己度过困境。想想你自己的独特能力，你多半会发现它在你人生早期就出现了。你用它适应充满压力的情境，让自己好过一点，但你基本上意识不到你在用它。我的童年就是一个治疗师和高管教练的理想训练场。我父亲突然离世后，母亲在抑郁症中苦苦挣扎，所以我的童年早期是和外公外婆一起度过的。他俩对我非常好，但彼此之间的关系就是另一回事了。我来到他们身边的时候，两人已经激烈争吵了好几十年，典型的状态就是连续吵上一段时间，然后短暂休战一阵子。在两人完全不搭理对方的时候，我就变成了中间人。唯一能让他俩达成共识的就是我，所以我就处在一个非常独特的位置——帮助他们掩盖裂痕，让两人重新对话。

安妮的独特能力也是在类似的激烈情境中磨炼出来的。我把她刚说的话总结了一下："你可以感受到房间里和自己心里的某种能量变化，然后就会知道该怎么办。"

"基本上就是这样。"她说。我问她，有没有在其他工作场合用过这种能力。"我不知道哎，"她说，"但这是个好问题，因为我要是在哪儿都能这样做的话，我就会知道，我把自己最棒的能力运用到了工作中。"

我希望你也能得到这样的好处。为了做到这一点，我建议你把俄罗斯套娃一层层地做解构，直到发现你的独特能力。在起始的时候，使用这样的基本句式：

当我在做＿＿＿＿＿＿＿＿＿＿的时候，最为得心应手。

在脑海里组织一下措辞，然后大声把它说出来。看看你发现了什么。或许你发现的是："当我在本子上写写画画、构思创意的时候，最为得心应手。"或者是："当我在想办法把一群人融合成一支团队的时候，最为得心应手。"你在做什么事情的时候，状态最好，挥洒自如？把它清楚地描述出来就可以了。

一旦你能用一个简单明了的句子把这件事说出来，就往下再深入一点。使用下面的句式，把"焦距"拉近一点儿：

当我在做这件得心应手的事情时，我真正在做的其实是＿＿＿＿＿
＿＿＿＿＿＿＿＿＿＿＿。

描述得详细一点儿，比如："当我在本子上写写画画，构思创意的时候，我真正在做的其实是信手涂鸦，愉快地享受着'无中生有'的创造过程。"

使用下面的句式，再往下深入一点儿：

当我在做这个的时候，我最热爱的一点是＿＿＿＿＿＿＿＿

＿＿＿＿＿＿＿＿＿＿＿＿＿＿。

例如："当我写写画画，'无中生有'地构思创意的时候，我最热爱的一点是不知道创意过程会把我带向哪里。我热爱这种惊喜的感觉，看着新东西一点点浮现出来，我会感到特别兴奋。"

离你的独特能力越来越近的时候，你是能察觉到的。你会感到心中一亮，有种恍然大悟的惊喜。虽然我已经亲眼见证过数百人体会到那种感受时的样子，但我永远也看不厌。当人们如此深入地看见自己的时候，我会感受到一种从内在涌起的生命活力。大概是因为这个过程和我自己的天赋紧密相连吧，我可以这样做一整天，丝毫不感到疲惫。我希望你也能体会到同样的感觉。

第五章　安住在你的天赋地带

运用终极成功箴言，在爱、富足与创造力中蓬勃绽放

一旦你突破了上限问题的束缚，接下来的任务就是学会安心地居住在天赋地带。起初，你会有种小心翼翼走钢丝的感觉，但掌握了诀窍，知道如何在这个新环境中保持平衡之后，你就轻松多了。幸运的是，这里有捷径可走，它们是从上百人的真实生活经验中总结出来的，能帮你省下大量时间，免得再走弯路。在这一章中，我会告诉你如何利用它们。

跳出盒子，螺旋上升

教人们如何生活在天赋地带时，我喜欢用这个说法：跳出盒子，螺旋上升。我这就来解释一下：我认为天赋地带像一个上升的螺旋。当你不断提升对爱、富足和成功的"容量"时，就会一天天地越升越高。这是一个向上的旅程，而且没有任何上限。对比之下，我认为其余几个地带就像盒子。比如卓越地带吧，在这个空间里，你知道如何娴熟地做事，以至于不用太费力就能得到很好的结果。但它就像个盒子，因为你最终会发现自己被局限住了，心里也没有满足感。你一遍又一遍地做着同样的事情，虽然这令你身边的人衣食无忧，但你的内心却空空荡荡。无论把你局限住的盒子是什么，你都需要跳出来，这样才能品尝到不断上升的螺旋带来的甜美自由。为了做到这个，有一个能为你指引方向的核心意念会非常有用。

终极成功箴言

驾驭一个不断上升的螺旋，可跟驾驭一个盒子不一样，这需要具备一套新技能。磨炼这些能力颇为费时，需要两三年时间的尝试和摸索，但我逐渐发现了几个便捷的方法，能大大缩短你的学习时间。第一个捷径就是围绕一个"核心指导意念"来构建你的内在操作系统。这个核心指导意念是一个元程序，我希望你把它安装在生命的根基（或源头）层面。我希望你把它跟其他必不可少的元程序放在一起，比如"地球上有重力"和"饿了就吃"。你的核心指导意念会帮助你轻松从容地生活在天赋地带。我给这个意念起了个名字，就叫做"终极成功箴言"。

介绍这个终极成功箴言之前，我先来解释一下"箴言"是如何起作用的。箴言是一个声音，或是一个想法，在冥想中，你把它作为注意力的焦点。在某些冥想体系中，箴言是一个来自古老语言（比如梵文或希伯来语）的词语或声音。在另一些冥想体系中，它可能是一个想法，比如"把觉知放在呼吸上"。我接受过许多不同形式的冥想指导，无论它们是来自佛教、基督教、犹太教、伊斯兰教，还是其他来源，箴言的作用都是一样的。你把注意力集中在箴言上。然后，当注意力漫游到其他地方的时候，你把它拉回到箴言上。箴言犹如一个根据地，只要你发觉自己的念头飘到了过去或未来，就把它拉回来。箴言的功能就是帮助你回到当下时刻。

例如，如果你把念诵"唵"（Om）作为箴言，你就在心里轻轻地重复这个发音。重复几次后，你的念头就会自然而然地游离飘走。当你察觉到念头飘走的时候，就把它放下，回来继续念诵"唵"。在佛教的修习中，比如禅修和内观，常常把觉察呼吸当作箴言。把注意力放在呼吸上，去体会你呼吸时的感受；然后，每当你发觉自己的注意力漫游开去，心间升起了其他念头，你就缓缓地把觉知再次放回到呼吸上。

我参加过每天冥想十四小时的修习。在日常生活中，我的冥想时间要短得多，早晨半小时，晚上半小时。在连续十四小时的冥想中，甚至是在半小时的冥想中，你的思绪都会飘走，然后再返回到箴言上，来来回回可能有数百次之多。冥想的艺术就在于放念头去漫游，然后再把它拉回到箴言上。说得再细一点就是，在念头的收放之间，不因念头的游走而苛责自己。在修习冥想的初期阶段，当念头游走的时候，我们很容易批评自己，会认为冥想简直就是箴言和游移不定的念头之间的冲突。这种想法很普遍。不过，随着练习次数增多，慢慢熟悉了之后，你会发现，"因为念头游走而批评自己"，这本身也是一个念头。你把它放下，返回到箴言上。渐渐地，自我批评的习惯会消失不见，取而代之的是接纳自我带来的平和与松弛。

这就是运用终极成功箴言的关键。接下来我就会解释这个箴言是什么，以及如何把它运用到日常生活中。不过，在探讨细节之前，我想再强调一遍：在使用终极成功箴言的过程中，把它顺畅高效地融入生活的关键，就是带着一颗接纳和同理的心，温柔地对待自己。记好了这一条，下面咱们就来具体讲解吧。

你的终极成功箴言

终极成功箴言会帮助你在天赋地带稳稳地扎下根来。这是一套专门设计出来的指令，覆盖面非常广，既面向意识，也面向潜意识，它会影响你的一切行为和决定。如果你能够依照说明，正确地运用它，你的生活就会渐渐变成它所蕴含的模样，在各个方面都能蓬勃绽放。这句箴言是：

每一天，我在富足、成功和爱中尽情伸展；同时，我

鼓舞身边的人也这样做。

现在我们就来运用这句箴言，方法如下：在心中默念几遍，细细体会它丰富、全面的内涵。无声地对自己重复几次。让它在广阔的意识层面上与你产生共鸣。

接下来，我们来体会一下它在语音语调上的共鸣。

把这句话念出声来，多念几遍，倾听语义的同时，也倾听语音的韵律。晚些时候我会请你修改它，如果你愿意，可以把它改成自己喜欢的表达版本。但现在请你先使用这个措辞，试着习惯它，就像在试一双新鞋一样。穿上它，在你的意识中走一走，转上一圈儿。这句话经过了三十多年的精炼和打磨，有数千人使用过它，所以我知道它已经在众多成功人士身上创造出了奇迹。不过，我不能保证你跟它一定有共鸣。想要知道结果如何，唯一的办法就是在你自己的意识层面上充分地试一试。

下面我来说说终极成功箴言如何在一点一滴间发挥作用。它对你的意识和潜意识同时发出了关键指令。它告诉你，在个人发展的三个关键领域，也就是富足、爱和成功中，你需要尽情伸展，而不是缩回手脚或保持原状。终极成功箴言正面直击上限问题，而后者建筑在一个很久很久之前形成的指令上，这个指令告诉你要缩回手脚，或是抑制住发展的渴望。多年以来的教化犹如一个古老的程序，它令你的潜意识相信，你不配获得全面的成功。我希望你对它发起一场温和却持续不断的反击战，而终极成功箴言正是我所发现的最好方式。

如何运用终极成功箴言

我建议你通过两种具体方式来运用终极成功箴言：正式的方法是把它用在冥想练习中；不正式的呢，就是把它融入日常生活。这句箴言的力量非常强大，所以稍微运用一下就能产生持久的影响。你用不着去租一个洞穴住下，也不用留出几年时间专门修习。你需要做的只是时不时地想起这句话，然后就看着神奇的事情在生活中发生吧。

如果把终极成功箴言用于正式的冥想练习，找一个能够让你静坐五到十分钟的地方。闭上双眼，休息一分钟左右，直到你平静下来。每隔十五到二十秒，轻轻地默念这句箴言；让字句在心间静静地浮现，就像一个淡淡的想法。不必一个字一个字清清楚楚地念，只要你能感受到这句话的意思就好。就像这样：

- 轻轻地默念箴言。（我差不多会用五到七秒。）
- 带着开放的心态，停下来休息十到十五秒。（这差不多是两次缓慢、放松的呼吸。）

- 再一次轻轻地默念箴言。

- 带着开放的心态，停下来休息十到十五秒。

- 重复这个过程，持续五到十分钟。

- 当你感觉到可以结束了，停下来，休息一到两分钟，然后回到日常状态中去。

欢迎抗拒的念头

带着开放的心态，停下来休息的十到十五秒，和念诵箴言同样重要。你需要给意识和潜意识留出片刻时间，也留出一片开放的空间，让它们消化这个强有力的新想法。你也需要给自己一些空间，允许你的旧程序"还嘴"。优美的新想法就像一束光一样，被你引入了内心深处，而旧程序会跟它争论起来。当你对自己说出这句箴言——**"每一天，我在富足、成功和爱中尽情伸展；同时，我鼓舞身边的人也这样做"**，你的头脑中可能会立即冒出一句这样的话："别扯了。你永远也鼓舞不了任何人去做任何有价值的事。"

当你念出箴言，让它在思维中自由飘荡的时候，你要预料到，在间歇的那十几秒钟内，会有大量的"还嘴"出现。面对终极成功箴言中蕴含的强有力的思想，你心里会产生抗拒的想法。不只是你，每个人都会这样。腾出空间，让这些抗拒的想法浮现出来，这是好事。毕竟，你正在克服几十年来的教化对你的影响，总不能指望那个旧程序一声不吭就消失不见吧。

实际上，我希望你不只预料到自己会"还嘴"，你还应该鼓励它出现。"还嘴"是个好迹象，因为这说明箴言开始见效了。一旦终极成功箴言渗透到了你的意识和潜意识中，"还嘴"就会停止。再过一段时间，当你已经在天赋地带站稳了脚跟，回看这些抗拒想法的时候，你会发现它们就像是装满了石头的背包，这些年来你一直背着这个沉重的负担，却毫无察觉。一旦你卸下了背包，就会由衷地感到轻松自由，以至于你都不愿再浪费时间去回想背着它的那些年。

下面我来说说如何把终极成功箴言融入日常生活。每一天，时不时地想想这句话，或是把它大声念出来。平时做事情的时候，就让它融入你日常念头的河流。我也建议你把它写在小卡片或即时贴上，放到你日常能看见的各种地方。我就把它放在经常去看的地方，比如汽车的仪表盘上，还有桌旁的一个角落。这样会帮你在忙碌的日常生活中想起它。

另一个重要的捷径：有觉知地说"不"

学着驾驭上升螺旋引发的上升气流时，如果你能够娴熟地掌握"有觉知地说'不'"的技巧，你的飞行就会顺畅得多。有觉知地说"不"，指的是你能够拒绝那些与你的天赋地带不匹配的事情。之所以要加上"有觉知"这几个字，是因为你清楚地知道，你是从自身天赋这个角度来考虑的。你之所以说"不"，不是因为那些常见的原因，比如金钱回报不够多、你不喜欢、没有时间，等等。你之所以说"不"，是因为你选择把精力留给那些显然属于你的天赋地带的事情。基于这个原因说"不"，甚至还能启发那些被你拒绝的人。我就经常遇到这样的事：被我拒绝的人感谢我这样对他们说"不"，因为这提醒了他们在自己的生活中也应该这么做。

你可以认真回想一下，有多少次，你答允了那些不属于天赋地带的事？即便它们在其他方面对你有好处，但这一类请求会吞噬掉你的大量精力，而你原本可以把这些能量用来发挥天赋的。

我来举个例子。前一阵子，有家发明了很多电子设备的公司给我发来了一连串的邀请，希望我给他们的产品做背书。我研究了一番，那些产品广泛地应用于各类生物反馈仪器上，看上去确实很有用。那家公司承诺，如果我可以背书的话，就给我五万美金的酬劳，外加一些股票。表面上看，我只需要为一些确实能帮助人的产品做做背书，就可以很容易地拿到一笔钱，但我还是花了点时间认真考虑。拿这事跟太太凯瑟琳商量的时候，我不禁想起，自从我遇到她这二十八年来，为何我每天早晨醒来时都觉得自己是世界上最幸运的男人。听完我描述那些产品、公司，以及给我的酬劳后，她连眼睛都没眨一下，就问道："这事在你的天赋地带里吗？"这个问题让我如此意外，以至于我哈哈大笑起来。"不在，"我说，"但那五万美金可能在！"

以下就是"有觉知地说'不'"引发的奇迹了。我给那家公司发了封邮件，解释了我为什么拒绝他们。有一段是这样说的："近些年来，我把精力都集中在一类事情上，并且受益良多。这些事情都是最适合我的，而且都服务于我最高阶的人生使命。我把这类事情叫做我的'天赋地带'。我很欣赏贵公司的员工，也认为你们的产品非常有用，但我还是得拒绝你们的慷慨邀约，因为这件事并不在我的天赋地带之内。"发出邮件大约一小时后，我接到了那家公司老板打来的电话。他的意思差不多是这样："您大概都不相信，您的邮件引发了一场大讨论。"他说，公司的高管团队已经在组织一场研讨会，打算专门学习这个主题。他问我愿不愿意抽出一天时间来给他们上个培训课，我告诉他我没有时间，因为我的天赋地带里有一项工作，需要我每天扎扎实实地完成：写一本书（就是你手上拿着的这一本），把我对这个主题所知道的一切都解释清楚。如果他能耐心地等待六到八个月，到时候我很乐意给他寄一本，然后我们就可以商量给公司做一场研讨会了。

绝大多数需要你有觉知地说"不"的机会，都不会伴随着诱人的一大笔钱。但这并不重要，因为问题的关键不在于你拒绝的那件事有多大的金钱价值。关键在于，你坚定地履行了生活在天赋地带的承诺。每一次，当你对不符合自己天赋地带的事情说"不"的时候，你都在这个地带中站得愈发稳健。

第三个捷径：重新许下承诺

承诺犹如通往天赋地带的跳板。真诚地许下"我要生活在天赋地带"的承诺时，你就在朝着那个方向前进了。一旦你进入了这个地带，承诺又会变成功能强大的方向校准装置，确保你稳稳地留在这里。

凯瑟琳常和我说，承诺的艺术其实应该叫做"重新承诺"的艺术。承诺帮你迈出第一步，助推你走过任何计划的初期阶段，但是，当你感到就快要放弃的时候，重新承诺会点燃你心中留存的燃料。在追求任何一个有价值的目标的过程中，难免会出现这种低能量的时刻，至少在我的经历中是这样。挽救局面的动作就是刷新你的承

诺。比如说，在追求目标的过程中，你可能会遇上一个深深埋藏着
的信念：你根本不值得被爱。当人们就快要实现永久居住在天赋地
带的目标时，这个信念往往会在他们的脑海与心间浮现。毕竟，除
了苦苦寻找一个我们早已认定根本不存在的东西，我们还能为自己
设定什么终极考验呢？因此，有朝一日你必定会在天赋地带里遇见
一块拦路巨石，这几乎是无可避免的。那块巨石就是那个信念的化
身：你不值得被爱。这个错误信念引发出疯狂的寻找——我们拼命
要在外部世界寻找证据，证明自己是值得被爱的。这就是那个终极
的骗子——你的小我——使出的终极骗术，为的是保住它自己的工
作。这是个工作安全感的问题，而你的小我一心想要保住自己的工
作，劲头大得简直不可思议。

　　你的小我有充分的理由感到害怕。在天赋地带里，你的小我派
不上用场了。在天赋地带里，你不再关心得到认可、得到掌控、得
到平等……一切小我需要的、围绕着"得到"二字建立起来的目
标，你都不再需要了。在天赋地带里，你是自由身，时刻准备着回
应当下时刻中蕴含的无限可能。但是，一部分的你坚信"爱存在于
自身之外"，另一部分的你在内心深处知道，爱完全是你自己创造
出来的，当这两方爆发争战，你会感到一种深入骨髓的疲惫。此时，
就是应该重新承诺的时候了。你需要深深地吸一口气，再一次做出
承诺：你要全身心地生活在天赋地带中。

我几乎每天都会重温这个承诺。我也常常念出或想到我的终极成功箴言：

每一天，我在富足、成功和爱中尽情伸展；同时，我鼓舞身边的人也这样做。

只要想到这句箴言，我就默念它，在呼吸中感受它。而我的确常常想起它。它已经融合成了我生命中的一部分，就如同我能感受到自己的脉搏跳动，或是鼻腔里新鲜空气的甜润。生活在天赋地带就像骑自行车。一旦学会了，感觉就没有那么难。事实上，它其实相当容易。这个地带会让你感受到汹涌澎湃的欢欣与愉悦，这就是最浓烈、最真实的、活着的感觉。不过，它也对人提出了一个严格的要求，对此你最好不要讨价还价。这个要求就是，你必须高度关注自己的状态。在我身上不为人知的地方，就留存着几道伤痕，都是因为我并未遵循这个要求造成的。

在这段旅途中，每当脚步变得踉跄的时候，我就赶紧刷新承诺。时不时地，你多半也会失去焦点，注意力开始漫游。这很自然，出现这种情况的时候，不必大惊小怪。这只是意味着，你需要再次做出承诺，重申你来到此处的初心：在这个世界上充分表达自己的天赋，让自己和他人的生命蓬勃绽放。

密切关注自己的状态，这会帮助你稳稳地留在天赋地带。如果你保持了关注，当你偏离了生活在天赋地带的承诺，你就会察觉到。你可能会感到自己偏离了方向，或者是每件事情似乎都不对劲。此时，就该重新做出承诺，继续出发。有两个强烈的动机会让人密切关注自己的状态。首先，当你在爱、富足和成功中尽情伸展时，每时每刻你都会感到由衷的欢欣愉悦。这是一个强大的动力。待在天赋地带里实在太开心、太有活力了，所以你有强烈的意愿留下来。除此之外，另一个强大的动力就是深深的宁静感。欢欣愉悦与深切的宁静感交织在一起，会酝酿出一种特殊的灵药。这种宁静感来自终极成功箴言的后半句话：同时，我鼓舞身边的人也生活在自己的天赋地带。

鼓舞和启发他人，往往会被吹捧为一种道德上的必做之事，是"应该"，是责任。但极少有人谈及鼓舞他人的快乐感受。这世上最愉快的感觉之一，就是看到人们真的受到你的承诺的鼓舞和启发，也想生活在自己的天赋地带。鼓舞他人不但对他人有好处，也会让你自己感觉很美好呢。

第六章　爱因斯坦时间

为充分表达天赋创造时间

　　想要活出一个和谐顺畅的人生，你需要与时间建立起和谐顺畅的关系。绝大多数人都没办法在一大堆"优先事项"中取得平衡。最应该摆在优先位置的，莫过于彻底改变你与时间的关系。如果你知道了时间究竟是怎么运作的，你做起事来就会如行云流水，而且成果卓著。但是，如果你不知道，就得不到这些效果。在弄明白时间的运作原理之前，我做事可谓是"时倍功半"。但现在我可以做到"时半功倍"了。虽然我明白这种变化背后的科学原理，但每当想到这个问题，我还是会觉得这是个奇迹。

　　弄清时间的运作原理之后，你马上就能得到一个好处：一天下来，你的压力感会减轻。这当然很棒，但还有一个更大的好处：你会腾出时间来做创造性的思考。我给高管群体做演讲时，比如在青年总裁协会（Young Presidents Organization），听到最多的抱怨就是："创造性的思考对公司最有价值，可我们没有时间干这事啊。"在企业中如此，生活中也是一样，我们太容易陷入各种细节，却没有时间做创造性的突破。如果你把这一章中学到的东西运用起来，就再也不会有这种问题了。

　　当你将认知升级，接受了"爱因斯坦时间"这个概念，你的生

157

产力、创造力和快乐程度都会出现大幅度提升。当你认同了下面这个看似简单却含义深远的真理时，你的认知就会升级。

你是时间的源头。

认同并践行这个真理，你的生产力和自由时间都将出现量子式的飞跃。它的效果太惊人了，简直就像魔法，但它确实建筑在实实在在的、源自爱因斯坦物理思想的科学理论之上。

一旦你理解到，你是时间的源头，你就可以随心所欲地运用它。力量掌握在你手里。你说了算。我知道这话听上去挺奇怪的，但我敢跟你保证，这就是时间真正的运作原理。我可是亲自走了一大段弯路，才能在今天把这个概念科普给大家的。

大约二十年前，有一阵子我过得特别沮丧，压力也非常大。我发现，主要原因是我对时间的理解完全是错的，以至于我要么觉得匆匆忙忙（时间不够），要么就无聊得要命（时间太多）。在绝大多数时间里，我都感到匆匆忙忙，时间永远不够用，它好像总是从我身边飞速溜走。虽然我已经觉得自己超时工作了，但我需要做的事情永远做不完。为了逃离这种苦恼的感觉，我决定到洛基山的荒野中去徒步三天。我心想，如果天天忙着对付最基本的生存问题，比如大雷雨和美洲狮什么的，大概能有助于放空头脑吧。

　　旅程最后一天，当我坐在一块大石头上歇脚，俯瞰着奔流的山溪时，我忽然领悟到了什么。这个觉察改变了我的人生，让我寻回了心中的宁静。我发现，我对时间的理解是建筑在牛顿式的思维方式上的，可它已经过时了。在那个灵光乍现的瞬间，我意识到，爱因斯坦的理论范式才是时间真正的运作原理。我感觉到自己的意识在刷新、升级。浑身的细胞好像自动自发地围绕着这个崭新认知重新排布了一遍。在那个瞬间，一切都改变了，从那一天起，我做每件事的时间都缩短了一半，而且做的时候都很愉快。结果就是，这二十年来，我再也没有感到匆忙。从外部来看，我现在的生活比当时更加忙碌，可我丝毫没有"赶时间"的感觉了。

　　想要把这个觉察付诸实践，你可用不着来一场山区徒步。一位在曼哈顿上班的股票经纪人在研讨会上，听到我对爱因斯坦时间的讲解后，给我发来了一封电子邮件，向我讲述了最近发生在他身上的故事。他每天都坐地铁去华尔街上班，有天早晨他起晚了，于是连忙抓起一杯咖啡、一个贝果，还有公文包，冲向地铁。地铁车厢里挤满了人，他想抬腕看看手表，却发现胳膊都挤得抬不起来。他感到一阵恐慌，因为不知道现在几点了，也没法估算自己开会会晚到多少。突然间，他想起了我们关于爱因斯坦时间的交流。**等一下，他心想，我就是时间，所以我会创造出足够的时间来，让自己不会迟到。**他放松身体，尝试着在如此拥挤的环境下凝聚心神，享受当下的时刻。由于大家都挤得不能动弹，所以也用不着担心摔倒，他索性闭上眼睛，把注意力都放在当下。很快列车就到站了，他走进早晨清冽的空气中。再一次，他感到了想看表的冲动，也再一次任由冲动过去。当他一边想着自己肯定迟到了，一边走进会议室的时候，却发现屋子里一个人也没有。他独自坐下，享受着身体里安逸放松的感受。突然间，大家蜂拥而入，全都在抱怨着公交地铁晚点、咖啡店里缓慢的长队，等等。而他只是笑笑，什么都没说。

现在，我邀请你做出这个大胆的改变，接受爱因斯坦时间的概念。如果你正在使用某个时间管理系统，把它放进抽屉里吧，从此不必再看。反正，你多半也没有真正去用它。爱因斯坦时间是一种新型的时间管理思路，它会在最核心的层次重构你的时间观念。使用它不必花一点时间。事实上，它会创造出时间，与此同时，还会在创造力、松弛感和金钱上为你带来丰厚回报。

这个全新的时间观念有四大好处：

- 你可以用更少的时间做完更多的事。
- 在对你最为重要的、需要发挥创造力的事情上，你会拥有更多时间和更充沛的精力。
- 你会发现自己的独特能力，也会知道该如何发挥它们。
- 你的内在感受会非常好。

问题出在哪儿？

现在我们来仔细看看一个大家都在面临的问题。和成千上万忙碌的人一样，你多半已经琢磨过时间这回事了。你多半还买过一个或好几个时间管理工具，比如富兰克林柯维[1]（FranklinCovey）的，或者是我家邻居戴维·艾伦[2]（David Allen）发明的那一个。一开始，你多半雄心勃勃，打算一丝不苟地照着执行。不过，待到课程结束，或是咨询顾问走了，你打算用上一用，却被那复杂的系统弄得焦头烂额。最终，如果你真的用了，也会只用其中的一小部分，把其余的搁在一边。没准你还会因为没能充分利用它而感到内疚。渐渐地，随着时间过去，你多半又去买了个新的。

我可不希望你因为这些而感到内疚。和你一样的人多着呢（比如我）。在我搞明白时间的秘密之前，我研究或购买的时间管理工具差不多有五六个之多。你的愿望非常好，给自己点个赞吧。你的本意是解决现代社会最难解的问题之一：如何把需要做的每件事情都做完，同时还能有时间留给创造力、家庭，以及你自己。这个良

---

1 富兰克林柯维公司是一家全球性的领导力公司，为组织和个人提供培训和咨询服务。经典课程包括"高效能人士的7个习惯"等。
2 戴维·艾伦，世界知名时间管理大师、畅销书作家。著有《搞定：无压工作的艺术》等系列作品，提出了GTD时间管理法。

好的愿望导致每年有数百万的人花钱购买时间管理工具，结果却发现坚持不下去，要么就是，那些工具花掉的时间比省下的还多。

解决办法在这里

爱因斯坦时间能让你把用来表达创造力和维持亲密人际关系的时间延长。通过运用爱因斯坦时间，你不仅能省出时间，你还会知道如何成为时间的源头，这样就可以想利用多少时间，就利用多少时间。同时你还会发现，如何把你所需的、用来完成最有价值的事情的精力解放出来。你会清晰地看见是什么耗尽了你用于创造的精力，也会知道如何停止这些损耗。

结果就是，你再也不会匆匆忙忙了，再也不会有压力，再也不会因为工作了一整天却连一件重要的事情都没做完而感到精疲力竭。相反，你会拥有充足的时间、充沛的精力，始终处在从容不迫、神清气爽的状态。

没有证据表明未来生活的步调会慢下来。我们需要新方法来安排时间和精力，但现在这些时间管理系统都只是在某种程度上管用，而且还只适合某几类特定人群。对于我们绝大多数人来说，尤其是从事创意工作的群体，爱因斯坦时间会带来一套独特的好处。它很容易理解，也很容易使用，而且它是如此有用，以至于你会想，之前不知道它的时候，你是怎么过来的呀。

　　现在，是时候跳出原来的时间陷阱了，这样你才能一飞冲天，进入天赋地带的广阔空间。运用牛顿式的时间观也有可能在工作和生活中取得进步，但是，要想经历真正的解放，不再被时间束缚，你需要一个爱因斯坦式的认知升级。牛顿式的方法顶多能让我们取得渐进的进步，而我们真正需要的是激进的彻底改变。这就是爱因斯坦的范式展现力量的时候了。

旧范式

　　牛顿式的思维逻辑是旧有时间观念的最大局限。这种时间观念认为，时间是有限的，必须要精心分配，这样我们才会有足够的时间去做需要做的事。它还认为，时间是稀缺的，这就让我们产生一种很不舒服的时间紧迫感。放到食物问题上也是一样：假如我们认定食物是稀缺的，就会总是感到饥饿，总是担心没有足够的东西吃。如果你曾经这样看待时间，别不好意思，和你一样的人多的是！不过，这件事还有希望，因为虽然牛顿式的时间观念是我们绝大多数人的认知起点，但时间并不是这样运作的。牛顿式的时间稀缺感只不过是我们必须经历的一个阶段，就像牛顿物理学一样，我们需要先经历它，才能走向爱因斯坦式的大突破。

牛顿时间陷阱详解

牛顿式的时间观念让你认定，在时间这件事上，你总是有麻烦。要么时间太少，要么时间太多。你要么"一点时间都没有"，要么就干坐着，不知道"该如何打发时间"。你要么急匆匆地赶时间，要么就闲得要命。在牛顿的世界里，我们要么"时间用完了"，要么眼睁睁地看着时间一分一秒悄悄溜走。想想看，你这辈子有多少次听见人说："我拥有的时间刚刚好，恰好够我开开心心地享受正在做的每一件事。"反正我从来没听过有人说过这种话。绝大多数人似乎生活在时间线的两个极端：因为太忙了，所以急匆匆地赶时间；因为无事可做，所以脑子空空，无聊至死。

牛顿时间观的核心是一种二分法的思维：我们误以为时间是在"身外"的，是一种物质性的实体，会给我们的"内心"造成压力。这当然是荒谬的，但是，把这话说给心脏病医生诊室里的病人试试看。正如医学博士迈耶·弗里德曼（Meyer Friedman）在他的经典著作《A型行为与你的心脏》（*Type A Behavior and Your Heart*）一书中提出的，典型的心脏病人总是抱有明显的时间紧迫感。他们总是在和时间赛跑，而他们的心脏把这种损耗呈现了出来。

牛顿式的二分法让我们想要对抗时间。在这种思路下，我们认为时间是主人，我们是奴隶。在最极端的状况下，时间变成了迫害者，我们成了受害者。时间犹如一个始终存在的实体，在我们的生活背景中不停盘旋，而我们是它的受害者。这种观念会对我们的健康、事业、亲友关系造成莫大的伤害。这就是为什么我要敦促你换上爱因斯坦时间的思路。它不仅是一个全新的思维范式，还能实实在在地拯救生命。

时间问题其实是空间问题

为了理解爱因斯坦提出的全新的、更高阶的时间观念，我们还需要把对空间的理解进行升级。接受了爱因斯坦的时间观念后，我们对时间的体验改变了，这是因为，在"我们愿意占据多少空间"的问题上，我们做出了根本性的改变。当我们学会了用全新的方式占据空间，我们也就学会了创造出更多时间。

下面举一个实际的例子。让我们回忆一下爱因斯坦是怎么用简单的语言来解释相对论的：和你的心上人共度的一小时，感觉就像是一分钟；在滚烫的炉子上坐一分钟，感觉就像是一小时。想要理解爱因斯坦时间，以及它强有力的积极影响——我们该如何过好这一生，我们所需的一切都在这个例子里了。如果你被迫坐在一个滚烫的炉子上，你满心里想的肯定只有一件事：尽量不要多占据空间。你把意识全部收回核心，远离与炉子接触的痛苦。把觉知从空间中收回，这个动作令时间凝结。时间好像变慢了，变硬了，渐渐变成一团固体。你越是往回缩，想要远离痛苦，时间就变得越慢。

可是，当你和心上人待在一起的时候，你的觉知朝着相反的方向，也就是朝着空间流去。你身体中的每一个细胞都渴望与他或她融为一体。你的觉知朝着四周涌流出去。在这个你渴望已久的当下时刻，你想要占据全部的空间，一丁点儿也不放过。当你置身爱中，你在空间里松弛地舒展开来。这个空间既包括你身外的，也包括你体内的。随着你的意识渐渐地向空间中延展，时间消失了。如果你还能记得瞄一眼时钟的话，你会发现，时间好像一下子就不见了。眨眼之间，一个小时无影无踪。当你的心与心上人同步跳动，你的每一个细胞都在向外延展，寻求彻底地合一。你忘记了时间。当你愿意占据全部空间的时候，时间就那么消失了。你同时出现在各处，但你并没有要去的地方，而且无论你在哪里，时机都恰到好处。

现在，说回火炉。我希望你很久都没有坐在火炉上了，所以咱们来举一个和现实生活更为相关的例子吧。好比说，某天早晨你发觉腹部的肌肉相当紧张。但你很忙，所以就没有停下来想一想为什么。换句话说，你做了个选择：你决定不把觉知之光照在肚子上，也就是不去占据紧张腹部的那个空间。你没搭理它，继续忙你的事去了。但这是一个代价甚高的瞬间，因为你选择不去觉察为何腹部肌肉会这么紧张，于是，你让自己陷入了一整天的、与时间的争战。

具体点说，假设你的腹部很紧张，是因为你很害怕。你害怕女儿忽然回家来，是不是因为出了什么事。我的一个朋友最近就遇到了这种情况。他太太几年前因为癌症过世了，留下了三个十几岁的女儿，他独自一人把孩子们拉扯大了。下面就是他给我讲的故事。

早上九点左右，我正坐在桌前写东西，那篇文章当天必须要完成。电话铃响了，是我十九岁的女儿莎拉从一个电话亭里打来的。她说她要从大学里回家，路上开车要六个小时。她说有件重要的事要告诉我……太重要了，所以不能在电话里说。听见这话，我的胃紧张得缩成了一团。我恳求她给点提示，但她只说了下午见，而且她没说再见就把电话挂掉了。这次对话跟我们之前的沟通太不一样了，弄得我手足无措。说真的，我当时就那么站在原地，盯着手里的电话听筒看了好久，都忘了把它挂上。接下来的六个小时，我好像进入了一条时间隧道。我大概看表看了有一千次。我试图集中精力去写文章，可心思总是跑回到早晨的谈话上。在她们姊妹几个里面，莎拉向来是最靠谱的那一个，所以我绞尽脑汁地猜测究竟发生了什么。她怀孕了？得了什么吓人的重病？到了下午三点，我的脑子已经像高速运转的食品料理机了。终于，莎拉走进了家门。我说了句："你上哪儿去了？"她说她半路上停下来吃了午饭，餐馆里面简直人挤人。"吃午饭？"我嗓门都哑了。过去这七个小时，我压根就没想过吃饭这回事。是什么事让她想要回家来？她告诉我，这个学年念到一半的时候，妈妈过世的悲伤全部涌了上来，淹没了她。她觉得不想再待在学校了。她打算暂缓一年，明年再回学校。这期间她想找个临时工作，没准夏天的时候出去旅行。她非常担心我会失望，会不赞成她的决定，所以想当面对我说。十分钟后，我俩又是哭又是笑的，再度做回了好朋友。

他对我说，女儿进门之前，时间慢得简直像"浓稠的糖浆"。当你不停瞄钟表的时候，时间就像是不动了一样。他的创造性能量也消失不见了。不管他多么努力地想让自己专心工作，让自己忙碌起来，心思却总是回到缩成一团的胃部和头脑中的忧虑上。可是，当莎拉把自己的困境和愿望和盘托出的时候，时间的性格好像突然发生了变化。当父女俩讨论彼此对暂缓学业的感受时，一两个小时飞也似的过去了。不过，下面这个才是爱因斯坦时间真正的神奇之处：当他再度回到桌旁坐下，动手写文章的时候，他的手指在键盘上轻快地弹跳腾挪，不到一小时文章就写完了。他原本以为这事要花一整天，但实际上只花了一个钟头。

时间的真相

你永远不会有足够的钱，去把你并不真正需要的东西全部买下；你也永远不会有足够的时间，去把你并不真正想做的事全部做完。牛顿式的时间观和金钱观都建筑在稀缺性之上。我们绝大多数人没意识到这一点，但广告行业对此心知肚明，所以他们才会赚得盆满钵满。广告行业怂恿我们买下一大堆并不真正需要的东西，也敦促我们去做一大堆并不真正想做的事。在爱因斯坦时间中，这一切问题都会烟消云散。

为了掌握爱因斯坦时间的真谛，你需要做出一个巨大的转变。这个做法太不可思议了，以至于当我对一些成年人提出建议时，我真能听见他们惊得倒吸一口冷气。这个建议是，做时间的主人。这一步如此大胆，以至于极少有人有勇气这么做。但我敢说，你正是少数人中的一个。

请跟上我的思路。这个概念太不寻常了，没法用寻常方式来理解。我们必须要把陈旧的错误观念一层层剥离掉，才能触碰到那个简单优雅的真理。首先需要剥掉的一层就是你的时间人格面具。

"不好意思，能把你的人格面具借我戴戴吗？"

时间问题的部分成因与我们的人格面具相关。人格面具是一套行为与感受的模式，它在我们生命的某个特定时期形成，是对某些特定状况的回应。这个词来自拉丁单词persona，意思是"面具"，也是我们更为熟悉的词语"个性"（personality）的词根。回想一下，你在自己的原生家庭中见过多少不同类型的人格面具？在同一个家庭里，很可能一个孩子戴的是"叛逆"面具，另一个戴的是"妈妈的好帮手"，第三个戴的是"耍宝搞怪"。这些面具是在何时何地形成的，又是如何形成的，正是心理学中最难解的谜题之一。咱们就把这个谜题留给专家们吧，在本书里我只想关注人格面具最实际的层面。

关于人格面具，你最需要了解的东西

每个人至少有一个人格面具，绝大多数人有两到三个，分别适用于不同的场合。有个奇怪的事实真相常被人们忽略：我们绝大多数人几乎从不曾意识到，我们戴的其实只是个面具。比如说，如果你在幼儿园时戴上了"害羞小孩"的人格面具，成年之后，你很可能认为自己是个害羞的人。你多半不会意识到，这就像是你在人生早期就穿上了一件衣服，穿了这么长时间之后，你以为它就是你的皮肤了。

成为一个成年人，部分含义就是学着去觉察我们在什么时候戴着面具。而成长的部分含义就是，丢掉那些对我们的幸福和成功不再有贡献的面具。带着叛逆面具的小孩可能在二十五岁时醒悟过来，发现自己可以把用来对抗权威的力气换个用法，转而从权威那里获得积极正向的关注。这种事我很了解，因为我就是其中的一员。我在高中和大学里惹了很多麻烦，在很多其他地方也是（通常是因为我"搞怪耍宝"的人格面具）。二十多岁时，我意识到自己的"叛逆"面具来自想得到男性权威的关注。在我的成长过程中，父亲是缺席的，我用愤怒把悲伤掩盖起来。在与权威人物的交流中，我的做法完全是反的：我用不良行为，而不是积极贡献去获取渴望得到的关注。从长远来看，一切都还不错，因为我及时醒悟过来，把叛逆的能量转变成了创造的能量。

时间人格面具的原理是一样的。我们绝大多数人会戴上一个与时间有关的人格面具，然后我们就忘了它只是个面具。我们忽视了这个事实：我们可以把它戴上，也可以把它摘掉。于是，它变成了我们的一部分。给你举两个时间人格面具的例子吧，刚好是两个极端。一端的一个叫做"时间警察"，这样的人无论做什么都肯定会准时到场，还会提醒其他人也这么做。如果有人没有准时露面，时间警察就会很生气。他们对处在另一个极端的家伙，也就是"时间懒蛋"格外恼火。如果你戴的是时间懒蛋的人格面具，你肯定经常因为迟到或压根没露面而被人责备。如果你是个时间警察，那么你会经常责备别人不遵守时间。

在这里我要诚恳地坦白一下：我就是个时间警察。随着我的心智日渐成熟，这个面具的线条变得柔和了一点点，可是，只要当过一次时间警察，就永远是个时间警察。估计这个人格面具会一直伴随我到生命的最后一口气（那一刻会准时到来的，我向你保证）。

我曾经有个员工是典型的时间懒蛋。不管去哪儿，她总会迟到一会儿。绝大多数时间里，这都问题不大，因为她的工作职责基本上跟时间没关系。但有一次她惹出了麻烦。有一天，她唯一的任务就是按时去机场接我。我走到了机场外的马路边上，她跟我保证会在那里等我。可她没在，当时手机尚未普及，所以我不可能知道她是正在赶来的路上呢，还是彻底把这事给忘了。我在寒风中等了一阵，然后放弃了，打了辆出租车。

我回到办公室一小时后，她进门了，还瞪了我一眼。"你上哪儿去了？"她问，"我在机场等了你半个小时！"我简直不能相信自己的耳朵。"你上哪儿去了？"我问，"我站在那儿等了十分钟，然后花了二十五美元打车回的家。"她给了我一个时间懒蛋的经典回答："我只是晚到了十五分钟啊。"她还表现出一副被惹急了的受害者的模样。我问她："我怎么知道你只是晚到了十五分钟？依我看，你完全把这事给忘了。"她翻翻白眼，好像在说："你干吗总是这么紧张兮兮的？"

这就是人格面具之间的冲突：我的时间警察遇上了她的时间懒蛋。在这个案例中，时间警察是发薪水的那个人，因此我的人格面具占了上风。五个字冲到了我嘴边。我暂停了一下，让它们在我脑海中转了几圈，好品尝一下那甜蜜的滋味。随后，我说了出来："你被解雇了。"她获得了自由，不用再受时间警察人格面具的管束，想去谁那儿当懒蛋，就尽管去吧。

爱因斯坦时间

切换到爱因斯坦时间后，我们掌管起时间的数量。我们意识到，我们自己正是时间的来处。我们接受了这个洞见：**既然我是时间的创造者，那么我需要多少时间，就能创造出多少时间！**这个洞见解放了我们。当我们渐渐领悟到这句话中蕴含的真理，我们对自身做出了重大调整。我们消解了牛顿式时间观制造出来的二元对立。我们与时间之间不再是对抗关系。我们即是时间的源头，通过意识到这个事实，我们渐渐活出其中的真相。

想要透彻地理解这个概念，你需要练习，而且要带着敏锐的觉知。我会告诉你如何充分利用练习，把觉知聚焦在哪里。如果这一切听上去神秘难懂，你只需要记住一点：在你学会开车之前，驾驭一辆车也是这种感觉。当我还是个小孩儿，第一次坐到驾驶座的时候，我打心眼儿里确定，我永远也搞不懂所有这些复杂的动作。但我后来搞懂了，你也一样。如果你能搞懂那个，你就能掌握爱因斯坦时间。它跟开车一样，只是没有车而已。

在这里我就有话直说了，就像我面对自己头脑里的限制一样直率：从此别再认为时间是"身外"之物。做时间的主人。换句话说，你要承认，你是时间的源头。这样一来，它就不再是你的主人。收回对时间的掌控权，这样它就不会再掌控你。我发现，想要做到这一点，最好的方法就是学会娴熟地问出一个问题。这个问题能让你掌控住时间，也掌控住自己的人生。

此处没有捷径可走。或许你不需要问这个问题就能成为时间的主人，你只需要正式地宣称，对时间的掌控权握在你的手里，就可以如愿地创造时间。你可以对自己说："我宣布，我是时间的源头。"你也可以对着镜子说："我就是时间的来处。"或者，如果你属于那种喜欢严厉地告诫自己的人，你也可以说："傻瓜，时间不是什么'身外'之物！它是从你这儿来的。你不是时间的受害者！"不过，这个问题会让一切变得简单明了。

为了创造出充足的时间，请你问问自己：

在我的人生中，有哪些地方我没有承担起全部的责任？

或者换个方式来问：

我不想对哪些事情负责任？

或者：

我需要对人生中的哪些事情承担起全部的责任？

答案一直都在眼皮底下，但我们就是看不见。直到我们变得足够谦卑，能够问出这个问题，我们才会看见它。这个问题背后的原理是这样的：压力与冲突都源自抗拒——对接纳的抗拒，对做主和负责的抗拒。对于我们自身的某个部分，或是生活中的某个部分，如果我们并不愿意全然地接纳，我们就会在那里体验到压力与冲突。当我们接纳了那个部分，愿意为它负全责的时候，就在做出决定的那个瞬间，压力就会消失不见。就在那个瞬间，我们身上不愿负责任的那个部分融入了自身的完整性之中，从完整性之中，奇迹诞生。

比如说，如果你的孩子有药物成瘾的问题，你越是拖着不愿为此负责，你感受到的压力和冲突就会越多。如果你拒绝面对问题，对现状的否认就会制造出越来越多的压力与冲突。如果你面对了问题，但把责任转嫁出去，比如说"这不是我的问题；这是我家孩子的问题"，你必将体会到更多的压力和冲突。当你或孩子决定为这件事负责的那一刻，解决方案开始成型。值得重视的一点是，通常会有一个人率先认领责任。以我的经验来看，极少有两个人同时出手担责。如果你先提出了为此负责，要等到你的孩子也愿意承担责任之后，完整的解决方案才会出现。当你们两人都决定承担责任之后，比如"这个问题属于我，我下定决心要解决它"，你们就会创造出真正的奇迹。这样的奇迹，我已经见证过上百次了。

从哪里开始

就从时间开始。做一切你能做的，去接受"你是时间的源头"这个事实。一旦相信了这一点，就开始依照它行事。一个简单的起步方法就是给自己来一剂"猛药"：彻头彻尾地、从此再也不抱怨时间。这个勇敢的举动会将你从时间受害者的位置上拉开。当你不再抱怨时间，也就不再延续那个破坏性的神话——时间是迫害者，而你是受害者。刚刚开始服用这剂猛药的时候，我觉得这事实在太难了。此前，我从没意识到自己的言谈中竟然有那么多对时间的抱怨。这个星期，请你留意一下身边的对话。看看你有多少次听到这样的话：

"我希望我有时间停下来闲聊一会儿，但我得赶紧去办事儿。"

"时间都去哪儿了？"

"一天只有二十四小时，实在不够用啊。"

"要是我能多睡一小时就好了。"

"很想跟你多说两句，可我得走了……"

"我必须要去银行……"

"现在我没有时间干那个。"

上述这些句子里面，每一句都包含着或明显或隐蔽的抱怨，将说话人描绘成了时间的受害者。这样的心态把时间视作稀缺资源，传达出这样的讯息：时间是我不能掌控的"身外"之物，在我"这里"总是不够多。每一句话都是悲哀的轻声呜咽，认定时间是拿着鞭子的主人，而我们是倒霉的辛劳奴隶，绝望地拼命奔跑，只求别被鞭子抽到。自从你停止抱怨时间的那一刻起，你就释放了一股受困的能量，你会需要这股能量的，因为不再抱怨"自己是时间的受害者"是一回事，不再**感觉到**自己是时间的受害者又是另一回事。

我还希望你从生活中彻底删除一句话。这句话相当常见：**现在我没有时间干那个**。就像大多数人一样，你多半经常这样说。基于你在这一章里学到的东西，现在你大概明白它是个谎言了吧。它之所以是谎言，原因有二：第一，时间不是你"有"或"没有"的东西。你是它的源头，你想要多少时间就能创造多少时间。第二，当你说出"现在我没有时间干那个"的时候，你其实是在礼貌地说瞎话，因为你不想说出这句真话："现在我不想干那个。"你把责任推到了时间头上，这样你就不必面对让人不舒服的真相了。

假想一下，你有一个八岁的孩子，你正在干正事呢，他找你来了："跟我一起玩球好不好？"你答道："现在我没有时间干那个。"再想象一下，孩子进来了，说："我刚刚踩到了一个钉子，脚上流血了，怎么办啊？"你多半不会说："现在我没有时间干那个。"在这两个场景中，你的时间一样多。事实真相是，你**不想**玩球，但你**确实想**给孩子止血。在前一个场景中，你让时间当了替罪羊，再次把自己放在了受害者的位置上。你这么做是想显得礼貌一点。（顺便说一句，我可不是建议你跟任何人都直来直去地说话，尤其是八岁孩子。我建议你的是，别再拿时间或没有时间当借口。你可以这样说："我想先把手上的事情做完，然后再陪你玩球。"这样说同样很礼貌，而且不必成为时间的受害者。）

身体对时间压力的感受

留意一下你的身体对时间压力有什么感受。你可以把它跟饥饿感做个对比。我们通常感觉到饥饿感发生在身体的中部，而且在靠前的地方，是一种像啮咬一样的、让人很不舒服的收缩感。你的身体对时间压力有什么反应？当你匆匆忙忙的时候，你的身体有什么感受？在时间线的疲沓、迟缓的那一端，也就是绝大多数人称为"无聊"的那种状态，在你看来是什么感觉？

在我看来，"匆忙"给我带来的压力感，发生在我的脊柱和心脏之间，而且像是朝着我的胸膛前方在推我。你的身体感受有可能跟我的类似，也有可能很不一样。当我细细感受时间压力的时候，我也会感觉到脖子很紧张，而且我的头会微微地往前探。匆忙状态下的我就是这种感受。"无聊"给我的感受是，好像我胸膛前方有一片毫无生机的阴翳，从锁骨一直延伸到肚脐。此时此刻，当我细品这些感受的时候，我发觉自己宁可匆匆忙忙的，也不愿无聊地待着。要我二选一的话，我连想都不用想。这让我察觉到一点：这大半辈子以来，我一直都在尽力避免"无聊"。

当我仔细感受"匆忙"在身体中的感觉时，另一个觉察忽然涌现出来。我发觉，那种感受的真正源头并不是匆忙；那是创造力正在我心中酝酿。我热爱那种微微带点混乱的内在感受：当我就快要发现一连串有趣事情的时候，当我问出一个强有力的问题、等待答案浮现的时候，当我面对一个我特别感兴趣的东西、却还没有把它完全搞清楚的时候，我都会产生这样的感觉。在这种时候，我能最真切、最充分地体验到活着的感觉，而且我希望自己每时每刻都能感受到这种饱满鲜活的生命力。

因此，在过去这三十年里，我只能回想起一个感到无聊的例子。五十岁那年，我决定退休。我仿佛看见自己跟太太一起在海滩上悠闲地漫步，偶尔作几首俳句，还留起了一直想留的胡子，这样我就可以一边捻着胡须，一边沉思了。我太太也清楚地记得我退休这事儿，因为直到现在她还会提起，说那是她生命中最漫长的三个星期。原来，在退休这件事上，我是个彻头彻尾的失败者。我确实跟凯瑟琳一起在海滩上漫步了很多很多次，甚至还真写了一两首俳句。在我为期三周的退休时段里，有一天我正在海滩上溜达，一个出乎意料的想法冒了出来：真无聊啊。

这倒不是因为我想念匆忙的感觉；我只是意识到，我的天性就是如此，我充满了时时刻刻都想创造点什么的欲望，而且最好让我同时处理三四件事情。这就是我最能感受到生命活力的时刻。于是，我对退休生活说了拜拜，从此一直开心地生活在"酝酿"状态中。

在亲身体验到了"不再抱怨时间"这剂猛药的强大效用后，我开始邀请我的客户也试一试。他们也同样收获了非常好的结果。

以下是他们跟我提到过的一些好处：

　　"我发现我做完的事情变多了，同时却没有感到匆忙。"

　　"上完一天班之后，我没原来那么疲惫了。"

　　"我们突然有时间闲聊一会儿了，要是在以前，没说几句就得打住。"

我的一位客户是经纪公司的高管，对于自己经历的变化，他给出了一个格外生动的比喻：

　　我觉得，这就像是从前我一直用手肘开车，现在忽然发现，我可以用手呀。突然之间，一大堆慌乱的动作都没有必要了。原来我能运用多少时间，我可以说了算。意识到这一点之前，我觉得自己就像是在跟时间不停地摔跤、搏斗。我把时间看成一个庞大的、有威胁性的压力，总是想把我压倒。当我明白了真相——我既是时间的源头，也是压力的源头——感觉就像是卸下了一个沉重的负担。

一点不错，就是这种感受。

一个邀请

到了这个节点上，我似乎应该说一句："给自己留出足够的时间，充分掌握这些原则。"但是，既然你是时间的源头，我们就把这句话改成："给自己创造出足够的时间，充分掌握这些原则。"

我们是时间的源头；时间不是来自外界的压力；我们需要多少时间，就能创造出多少时间。这些根本的洞察用不了一秒钟就能理解。然而，要想把这些洞察整合到我们的日常行为中，还需要大量的练习。其中最关键的就是敏锐的关注。时常留意你脱口而出的、或是在脑海中浮现出来的对时间的抱怨。随着你一个接一个地觉察它们、消除它们，忙碌感会一点点地稳步减弱，而你完成的事情会比以前多得多。

现在，我要站到一边，由你来接手了。我已经把我对爱因斯坦时间所知道的一切都告诉了你，你也已经得到了践行它所需的一切。尽情享受美好时光吧。

第七章　解决亲密关系问题

超越爱与欣赏的上限

看到这里，你肯定已经明白了，我们每个人都需要掌握的、最关键的行为，就是学着容纳更多的积极能量、成功和爱。与关注过去刚好相反，我们需要提升自己对"当下发生在生活中的好事"的容量。如果我们没有学会这些，就会在生活中的每一个领域都遭遇痛苦。当我们触碰到了自己的上限，亲密关系就是最令人痛苦的关键领域之一。事实上，你取得的成功越大，你的关系之路很可能会越发崎岖。接下来我会解释原因，并且告诉你如何避过这最后一道无处不在的障碍。

约翰·丘伯尔（John Cuber）和佩姬·哈洛夫（Peggy Harroff）主持了一项对"成功人士的亲密关系"所做的研究，这是有史以来该领域最深入的研究之一。两位作者发现，在他们研究的437位成功人士中，80%都对婚姻或长期关系不满意。只有20%的夫妻拥有被作者们称为"有活力的"关系。其余80%的令人不满的关系主要可分为以下三种：

1. **失去活力的关系**：两人依然还在一起，但早在多年前就已经不再相爱。他们一直在走过场、装样子，有时候就这样过了好几十年。在外人眼中，他们的关系往往看上去还不错，但两人之间的激情只剩下一点点，甚至完全没有了。

2. **消极融洽的关系**：从一开始，两人就从来没有对彼此产生过热烈的情感。他们的亲密关系更多建筑在温情的友谊上；有时更像是工作上的伙伴。他们的期望值本来就很低，所以极少对彼此失望。由于期望值低，两人不太吵架，因此维持着一种平淡无波的和谐状态。

3. **争吵成瘾的关系**：两人创造出了一种以不断争吵为基础的生活方式。无论是小打小闹的拌嘴，还是激烈的冲突，在他们的生活中战斗持续不断，间或有短暂的停火。看上去，他们好像是靠着冲突才焕发活力的，因为这能让他们体会到肾上腺素飙升的兴奋感。

第一次看到这些研究发现的时候，我感到一阵绝望。这些人取得了这么大的成功，可婚姻关系却如此糟糕，那我们这些人还有希望吗？自从我第一次看到这个结果，已经过去了二十年，在这些年里，我与客户共同探索，支持他们解决关系问题，从而积累起了不少经验。依我看，与丘伯尔和哈洛夫首次发表研究结果的年代相比，现在的统计数据大体上不会有太大变化。换句话说，我认为绝大多数成功人士的婚姻关系依然相当糟糕。不过，对于他们是如何走到这一步的，我现在知道得更多了。更重要的是，对于如何避免掉入这个困住了诸多成功人士的陷阱，我知道的也更多了。我心中的希望比二十年前多了很多。这是因为我见到了许多成功人士彻底改变了自己的婚姻关系，无论之前是失去活力型、消极融洽型，还是争吵成瘾型，他们都成功地将之转变成了充满活力的状态。

成功人士的婚姻关系如此糟糕，有两个主要原因：第一，很简单，就是因为他们很成功；第二，因为他们不知道上限问题的运作原理。事业成功的事实让婚姻关系更容易陷入困境，因为两个人都不得不面对更加严重的上限问题。我来给你举个例子。

我曾经与一对著名的夫妇一同工作过，他俩绝对属于争吵成瘾型的。为了保护客户隐私，就叫他们吉姆和简吧。两人刚在一起的前五年，一切都还好，但突如其来的成功触发了他们的上限按钮。一夜之间，两人的照片登上了杂志封面，到后来，巨大成功的阴暗面浮现出来，给他们招来了狗仔队和跟踪狂。等到来找我的时候，两人已经不断争吵了差不多两年。

还记得吗，上限问题的最大原因之一就是这个错误信念："我在根本上就有缺点，不配取得成功。"这个错误信念统治着他俩的早年生活，但两人都丝毫没有察觉，直到他们理解了上限问题，才意识到了这一点。当我向他们解释上限问题的运作原理，以及旧信念是如何跳出来，把人拉回到熟悉的、对自身的糟糕感受中时，那两张著名的面孔变得苍白了。

我也一样。当我第一次意识到，为了得到孜孜以求的爱，我做出了多么严重的自我破坏行为时，我的脸也瞬间变得苍白。幸运的是，在1980年遇到凯瑟琳之前，我已经有了一些觉察，因此我用不着拿我们的关系做实验。我认识她的时候就已经看到，在给出爱和接受爱的问题上，我自身的障碍具有多么强大的破坏力。尤其重要的是，我看到了投射的威力。在我看来，应该把这个话题加入到世界各地的小学课程里面。

在关系中，如果双方能够改掉投射的习惯，就可以释放出大量能量。我们在前面提到过，投射的意思就是，你把存在于自身上的某些东西，归结到了别人身上。比如说，一位男士向我抱怨说，他妻子太被动了。如果他能够认领这个投射，他会说："我还没有学会与崇尚平等的强大女性建立亲密关系，因此我创造出了现在的关系，在这样的关系里面，我需要我的另一半是被动的。"一位女士可能会抱怨伴侣总是处处管着她，限制她的自由表达。如果她能承认自己的投射，就会这样说："我吸引到了管束我、控制我的男性。我还没有学会如何成为自己的主宰，如何在这个世界上充分地伸展自我。"

投射是造成力量较量的原因，而两人之间的力量较量会侵蚀亲密关系中的能量与亲密感。力量较量是两个人之间的战争，比的就是看谁眼中的现实能够胜出——谁是对的，谁是错的，谁才是最大的受害者。在出了问题的关系中，相当多的能量都在这样的角力中耗掉了。关系——我指的是健康的关系——只存在于平等的两人之间。如果不是两人都愿意承担起百分百的责任，那这只能叫做牵绊，不能叫关系。要把牵绊转变为关系，只有一个办法：两个人必须都放下投射，并且看清这个真相——眼前的现实百分之百是由自己创造出来的。中止力量较量后，会节省出大量能量，如果把它们利用起来，两人就能共同创造出更多的成果，实现一加一大于二的效果。

如果关系中的两个人都能理解上限问题，那么他们就能一起把"恒温器"的温度设定往上调，这样就可以容纳并享受到更多的积极能量。提升上限的方式有很多，只需觉察到你如何限制了爱与积极能量，就能解决掉大部分问题。你会暴食暴饮，把自己塞到难受吗？你喝酒喝得太多吗？听到别人对你的赞美时，你总是过分谦虚吗？与爱人同床共枕的时候，你脑子里还想着别的事儿吗？终于有机会享受亲密时刻的那天，你却生病了吗？你更愿意封闭自己，而不是主动与人建立联结吗？

在成功人士的婚姻关系中，上限问题被放大了。由于两个人都希望进入天赋地带，所以彼此会起到促进作用，但与此同时，他们也需要承担对方的自我破坏倾向。如果一对伴侣想要超越这种倾向，他们可以做出共同承诺，一起超越上限，一起生活在天赋地带。如果两人都坚定地希望去往那里，整个旅程会变得容易得多。

无论是哪种情况，都注定是一场英雄之旅。原因有二：我们绝大多数人很少见到健康的关系；而且，拥有健康的关系是人类进化过程中出现的新任务。在人类进化过程中最初的几百万年里，关系与生存紧密相关，在很大程度上，交流只不过是彼此之间的咕哝。拥有一段能让人感受到充实、满足的关系，有贴心的交流，还有对彼此的深深承诺——面对这样的愿望，我们都是没有经验的新手啊。只要我们踏上了意识成长的旅程，就一定要记得，我们身上携带着长达数百万年的进化历程。要是想把我们内在的那个原始人召唤出来，最快的办法莫过于进入亲密关系。当我们朝着更多的爱和能量敞开心扉的时候，旧程序就开始蠢蠢欲动。我们的能量上限被调高了，有时候这会在我们心里引发警报。与另一个人的真挚联结会让我们愉快、感动、兴高采烈，而这些感受会触发上限的开关，让我们想要落回到更熟悉的层级。

在关系中，限制积极能量的方式有很多种。一种是挑起争吵。当我们有可能与伴侣亲密无间地交流时，出于对亲密的恐惧，我们有可能会引发争端。另一种方式是不做重要的交流。比如说，我们害怕与另一个人靠得太近，于是，我们本来可以说出细微的真实感受（"当我听见你说……的时候，我的腹部感到很紧张，皮肤也好像紧缩了起来。"），却话到嘴边又咽了下去。还有一种限制积极能量的方式是想要控制或支配对方（或是被对方控制或支配）。比如说，要是我们总是想当正确的那一个，关系中就没有快乐存在的空间了。

如果你是一个拥有亲密关系的成功人士，你多半会发现下面这些建议很有用。

1. 确保有足够的时间留给自己，离开伴侣，独处一会儿。待在隔壁房间里都可以，只要你的目的是滋养自身独立的那个部分。人类有两种并驾齐驱的动力：想要融合的渴望，以及想要成为独立自我的渴望。如果想让关系蓬勃健康地发展，这两种动力都要考虑到。

亲密的关系会搅动起强有力的、具有转化力量的能量，你需要大量的舒缓、放松的时间，好把这些连珠炮般的刺激整合吸收。如果你学会了有意识地从关系中短暂地抽离出来，那你就不需要采取一些无意识的做法了，比如引起争吵，或是使出其他一些破坏亲密感的手段。你可以独自一人去散散步，看场电影，给自己留出一下午时间，心灵想让你做什么，就去做什么。这些独自充电的时段会让你在和心爱的人相处时，有能力驾驭越来越多的亲密感。

2．在沟通中，一定要把具体细节说出来，尤其是情绪和感受。从一些简单的细节开始练起，比如"我感到伤心""我有点害怕"，或者"我感到很生气"。与伴侣交流情绪、梦想、渴望和其他各种内在体验，会在关系中创造出深深的亲密感。在如何沟通这些简单事情上面，我们没有一个人得到过任何训练，而缺乏训练的代价是极大的。

3．情绪升起之后——在亲密关系中它们常常会冒出来——千万不要压制它们，对你自己和对你的伴侣都一样。从此别再说这样的话："别哭了"，还有"没什么可生气的"。情绪需要我们去感受它，所以，鼓励对方去全然地经历情绪，从头到尾走完整个过程。如果你感到伤心，就允许自己伤心，直到你不再感到伤心为止。对于恐惧、愤怒、快乐和其他情绪也是一样。正是对情绪的阻滞和隐藏，才在关系中制造出了诸多问题。

4．给予自己和伴侣大量的、不带性爱含义的碰触。带有性爱意味的碰触固然很棒，但人类需要非常大量的、没有性爱意味的接触。充满关爱地捏捏手，或是拍拍肩膀，都能传达出无法言传的爱意与关怀。

5. 在浓烈的亲密感飙升到新高度之后，用积极正向的方式将自己带回地面。很多人在享受了一段时间的亲密无间后，会无意识地挑起争端，或是制造出点意外事件，好让自己脚踏实地。想要"接地气"，这没问题，但不必非得用痛苦的方式。散散步，收拾收拾屋子，沾一沾踏踏实实的人间烟火，这些招数的效果会好得多，而且也有趣得多。

6. 邀请至少三位朋友，组成一个"消除上限密谋小组"。"密谋"这个词来自两个拉丁词根，合在一起的意思就是"一起呼吸"，这正是我希望你们创造出的"密谋感"。我希望你们能体会到这种感受：两个或更多的人融洽地待在一起，为了一个对大家都有好处的目标共同努力。你和密谋小组的其他成员们可以在上限问题上互相提醒，互相学习。你们可以发现彼此身上的上限行为，比如担忧、生病、发生意外事件，等等。你们可以温和地相互提醒，你们基于自身的信念，创造出了自己的人生体验，还有就是，要常常检核自己的信念，不要受它们的束缚，确保给自己留出足够的空间去享受丰盈的爱和人生。当你们在前进的路上跌倒——大家时不时地都会出现这种情况——你和小组成员可以互相提醒：做一次深呼吸，回到内在的中心，然后再次敞开心扉，去感受更多的爱、富足和成功。

　　如果你和你的伴侣都是成功人士，那么你们已经踏上了人类行为中最伟大的征程之一。在我看来，这是一段最为激动人心的路途，旅程中的每一刻都饱含着学习的契机，以及感受真正欢乐的机会。

　　带着我们在本书中学到的所有观点和工具，你已经具备扬帆远航所需的一切，可以去面对亲密关系中翻腾的漩涡与激流了。余下的只有练习。无论是挣钱、创作音乐还是煮一锅美味的热汤，不管我们在这些事情上有多么聪敏，多么能干，说到情绪和表达爱的问题，我们都是业余新手。我喜欢这样，因为这让人生的每一刻都变成了让人跃跃欲试的学习机会。一想到自己是某个领域的新手（虽然我被别人誉为专家），我就会感到一种兴高采烈的谦卑。不过，我也从痛苦的经历中学到，一旦兴高采烈的谦卑沦为自以为是或傲慢自大，上天也会同样兴高采烈地出手，用意想不到的方式来让我重归谦卑。上天会让我们学会该学的功课，但方式不同。有时像是用羽毛轻轻地挠挠我们，有时则是当头的棒喝。这就要看我们愿意用多么开放的心态去学习功课了。变得固执与防御，就会招来当头棒喝；变得开放与好奇，就会请来羽毛。我花了很久很久的时间才搞明白，是谁在掌管着这些功课的痛苦程度。

　　为了避免那丢人的当头一棒，我建议大家在关系中的每时每刻都保持开放的学习心态。每一次的互动交流中都蕴含着建立深刻联结的机会：与我们心爱的人，与我们自己，与宇宙。关系是灵性成长的终极之路，因为在我们最容易回避和抗拒的情境里，它不断地向我们提出挑战，要我们勇敢去爱，去拥抱。因此，关系是我们的灵性呈现得最清楚的地方。想看一个人的灵性水平如何，不用看他去过多少次教堂，只需看看他是怎么对待伴侣的，你就知道了。

借助关系来实现灵性上的成长，关键就是要保持开放的学习心态：互动中的每时每刻都是学习的契机。这样一来，我们就会欢迎关系中的起起落落，而不是抗拒它们。我们带着开放的头脑和充满成长意愿的心，去迎接每一个时刻。这样的态度会减少摩擦，增多深入联结的机会，还能在湍流袭来的时候，保护我们不受冲击。

带着这样的精神，请让我用一首自己翻译的诗来结束我们对成功人士与亲密关系的探讨吧，这首诗的作者是十四世纪的性灵诗人哈菲兹（Hafiz）。

天神的邀请

你收到了邀请，可以去觐见天神。
没人能拒绝这样的邀请！

现在，你的选择缩减成了两个：

你可以来到天神面前，准备翩翩起舞；

或者

被担架抬进天神的急诊室。

结语

当你朝着更大的成功、更多的爱、富足和创造力直奔而去的时候，你会遇到上限问题。依我看，这是你唯一需要解决的问题。不过，虽然这个问题很有挑战性，但里面隐藏着一个无价的礼物。随着你不断地探索和解决这个问题，礼物会一点点地显露出来。这个礼物是一种非常特殊的关系：你与内心中的天赋之源建立起了充满生命活力的联结。

上限问题是人类普遍共有的、自我破坏的趋势。我们为自己设定了一个上限，当我们超越了这个阈值的时候，上限问题就开始启动。它的根源在于，我们把自己的能力值——享受终极成功的能力——设置得太低了。设下这个低值的时候，往往是在我们生命的早期，在那时我们还没有独立思考的能力。后来，我们开始梦想宏大的目标，进入爱、富足和创造力的领域，由于这些好事已经超出了旧日的设定，我们撞到了那个人工做成的盖子——借由童年时期无意识的决定，我们把这个盖子扣到了自己头上，限制了自己的成功。除非我们把上限问题解决掉，否则，当我们超越了原先的设定时，就会一次又一次地想办法把自己拉回原地。

童年时，为了应对原生家庭中复杂困难的局面，我们无意识地做出了许多决定。这些无意识的决定变成了障碍，为了充分发挥自身潜力，尽情地享受成功的果实，我们必须克服它们。以下就是障碍中的四种：

第一种障碍：我们错误地相信，自己天生就有缺点。如果心里带着这种感受，我们就会破坏自己取得的成功，因为我们认定自己从根本上就是坏的。如果有好事发生，我们必须干点什么把它搞糟，因为好事不可能发生在坏人身上。

第二种障碍：我们错误地相信，如果我们成功了，就等于对往昔生命中的人们不忠诚，无异于把他们抛在了身后。如果心中抱有这种情感，我们会破坏自己取得的成功，因为我们以为，如果我们在天际高高地翱翔，就是对自己的根基不忠诚。

第三种障碍：我们错误地相信自己是个负担。如果心中带着这种感受，我们就会破坏自己取得的成功，这样我们就不会变成更大的负担了。

第四种障碍：我们错误地相信，必须要把自身的光芒调暗，这样就不会盖过生命中的其他人了。如果心中带着这种感受，当我们可以充分地释放内在的天赋，发挥自身潜力的时候，我们往往会抑制自己。

深入地理解我们为何会限制自己，这会解放出一股全新的能量，然后我们可以借助它，把人生中的富足、爱和创造力推向全新的高度。当我们以螺旋上升的态势，尽情发挥自身的独特天赋时，我们很可能会再度与这些旧障碍的幽灵和暗影擦肩而过。出于这个原因，我们最好认为这是一段不断向前延伸的征程，我们需要不断地超越上限。这门功课的回报是一个价值恒久的礼物：我们得以生活在自身潜能的虹彩中，生活在我们的天赋地带。在这个充满生命活力的空间里，我们愉快地享受着自己创造出来的爱、富足与成功，而且我们自身的存在变成了榜样，无论我们走到世界的哪个地方，都会自然而然地启发和鼓舞他人。

每一次，当我们在内在创造出更大的空间，让自己感受到更多爱、富足和成功的时候，我们就超越了自己的上限。这个过程是一个时刻、一个时刻地积累起来的。比如说，我们发觉自己在担忧，或是引发了争吵。突然间我们意识到，这是上限问题在作祟啊。于是我们放下那一连串担忧的念头，或是放下那个怒气冲冲的观点，做一两次深呼吸，让自己放松下来。或许我们还可以动动脚趾，或是伸展一下肩膀，摆出开放的身体姿态，允许自己感受更多的爱、成功与富足。片刻之后，我们打破了上限，并且再度感受到美好感觉的暖流。就在这样眨眼工夫的时刻里，我们提升了愉快，享受更多爱、富足与成功的能力。

这些时刻就是重大飞跃的跳板。飞跃或许不会在第一个或第一百零一个时刻发生，但是，如果我们勤奋又热诚地练习，终会在某个神奇的一天，我们抬头向上看看，居然发现自己已经在天赋地带里创造出了美好的生活。那一天，我们环顾四周，看见了许多友善的面孔，他们也身处在自己的天赋地带。我们望向彼此，说着"欢迎你啊，朋友"。那一天，我们终于知晓，天堂与地球其实是一体的。

在本书里，我们共同走过了一段旅程，在快到终点的时候，我想对你说，能够把这些想法和过程分享给你，我是多么感恩啊。对我来说，它们是稀世珍宝，上天把它们交托给我，这是我的福分。而此生我还可以把它们传递给其他人，这让我感到了双倍的赐福。由于学到本书里所讲的东西，我拥有了一个丰盈的人生，它的美好与壮丽远超我的想象；如今，我把它传授给你，这让我实现了此生最宏大的使命。请让我从心底由衷地感谢你，感谢你让我拥有这份无上的光荣。

本书的写作已接近尾声，我走到院子里去伸伸腿脚，呼吸一些新鲜空气。天色将晚，入夜才开放的花朵刚刚开始吐露芬芳。我在秋千上坐了一会儿，享受着柔和的微风、清甜的空气，听着左邻右舍传来的人声。我能看见凯瑟琳正坐在客厅里，捧着她心爱作家的推理小说，看得入了迷。我感到心间涌起一阵暖意，在家真好啊。我让自己完全沉浸在这美好的感受中，一波波的幸福感向我涌来。突然间，我头脑中响起一个充满哲学意味的声音："这一刻不会永远持续，但发生的时候还是很美好的。"我轻声笑了，因为我知道，不管这句评论是睿智还是老套，都是一个微妙版的上限问题。显然，后院里的幸福感受超出了我的容纳上限。我的"老哲学家"人格面具从阴影中拖着步子走出来，想把我带回原地。我在老家伙的背上友爱地拍了拍，把他送回了他那个寂静的角落。然后，我将注意力转回了它应该属于的地方：感受这美好一刻里蕴含着的丰沛幸福。

这就是我对你的祝愿：愿你的人生旅程中充满了这样的发现时刻。迈步走上你的道路吧，愿你的每一天都充满实实在在的魔法和奇迹。愿你能一个接一个地超越所有上限，愿你在爱、富足和创造力的无垠海洋中尽情畅游。

附录　稚拙的步伐与重大的飞跃

我的"创业史"

　　我给商业人士开讲座时，比如在青年总裁协会，我发现创业者们常常对我的观点最感兴趣。我天生与创业者心有灵犀，部分原因是自从小时候起，我就开始创业了。我还发现，创业者往往最愿意接受我的一个核心信念：归根结底，商业之路是一条灵性成长之路。

　　我发现，如果我跟自己的灵性保持联结，无论是商业方面还是人生中的其他方面都会发展得更加顺畅。理由很充分：如果我把金钱与灵性分割来开，就像有段时间我做过的那样，我就没法运用我们身上具备的最惊人的力量——我们的灵性本质。如果我们可以弥合这种割裂，认识到金钱只不过是流动的灵性能量，我们就可以让精神的力量为我们工作，轻松顺畅地创造财富。

　　在我很小的时候曾经有过一次亲身体验，那次经历至今还在影响我。那是我能清楚记得的第一次灵性体验，发生在我五岁那年，上小学前的那个夏天。那是佛罗里达的一个炎热夏日，我独自一人在侧院里玩。那天上午，我刚刚参加完教堂里一个给小孩举办的项目。

　　我在外边玩的时候，心里琢磨着"上帝的儿子"这回事。这究竟是什么意思？我从没见过父亲，因为妈妈怀着我的时候他就去世了。我从来不知道有爸爸是什么滋味。突然之间，我想到一件事：万一我也是上帝的儿子呢。

这个念头让我浑身一激灵，我至今还记得那一阵狂喜的感受，生动鲜明得就像是一分钟前才发生的事。透过大树的枝叶，我抬头向天上看去，蔚蓝的天空仿佛在炎夏里闪着微光。我爸爸住在那儿吗？我是从那儿来的吗？

随后，一种特殊的觉知降临在我心中，这是一种确凿无疑的知晓，它是如此明显，以至于我都感到奇怪，为什么之前我就没有想到呢？我觉察到的是：我和万事万物都是由同样的东西组成的。树木，天空，我身下的泥土——我们都由同样的东西构成，全都是一回事。万事万物都相互关联。肯定是这样，因为每件事物都是相关联的，每件事物都是平等的。

我记得我平躺在地上，透过大树的枝丫望向天空。我就这样躺了很久，深深的平静和满足降临在我心里。那种感受持续了好几个小时，甚至直到晚饭后还在。在餐桌上我努力地向大人们描述这个体验，但得到的是茫然的凝视，"这孩子到底在说啥？"不过，别人理不理解我都无所谓，因为我知道自己的感受，我也感受到了我知道的东西。

很多年后我读到马可·奥勒留（Marcus Aurelius）的《沉思

录》（*The Meditations*）中一段极为精彩的话，就像是他穿越了时空，从公元一世纪的罗马直接向我说话：

> 我是整体的一部分，这一切均由自然主宰……我与其他部分紧密相连，它们与我并无区别。如果我牢记这两件事，我就不会对任何来自整体的东西感到不满，因为我与整体是相连的。

一位古罗马的皇帝，一个在昏昏欲睡的南方小镇上玩耍的孩子，这两人似乎没有一点共同之处。可是，不知为何，我们两人觉知到了同一件事。为什么会这样？这又是怎么发生的？对这几个问题思索了很多年之后，我现在深信，我们之所以终会意识到自己与整体合一，是因为这是不可避免的。这个觉知之所以与我们相连，是因为我们与宇宙相连。我们可以使出浑身解数，假装我们与宇宙的其他部分是分离的，但不管怎样它总会找到我们，欢迎我们重回它的怀抱。

磕磕绊绊的"创业史"

大概就是在那个时期，我开始了人生中的第一次创业冒险。那是个彻头彻尾的失败，起码从传统观点上看是这样，因为我没能招徕一个客户。然而，它神秘又精准地预言了我最终从事的职业，也向我揭示了好几条至关重要的、让我笃信至今的灵性原则。（接下来的内容是前文中提到的小故事的详情版。）

你听过"跳出盒子"的说法吧？当人们想表达"跳出思维定式"或"跳出条条框框"的时候，就会这样说。而我的第一桩生意可是实打实的"钻进盒子"。在外公的帮助下，我在大纸板箱的一侧挖出了一扇门，然后把它放在外公家的客厅角落里。这就是我的办公室。在门上方，我用红色的笔写了几个大字：解决问题（字怎么写也是外公告诉我的）。我骑着小三轮车上班，把车子停在箱子旁边，然后钻进去接待客户。

我费了很大的劲，向家人们解释这桩生意是干吗的。我清楚地告诉他们，我不管头疼脑热。要是有那种问题，就去找"普通"医生。我竭尽全力地解释说，我专门解决那种普通医生处理不了的问题，比如如何跟其他人好好相处。我干的是治愈人心的事情，目标清楚得很：帮助大家活得快乐。我选中的这个工作简直就是异想天开，你要知道，我在佛罗里达的小镇上长大，那里连一个心理医生、精神科医生或心理健康专家都没有。当个"解决问题"医生的想法是从哪儿冒出来的，我一直都没想明白。

我那群可爱的疯子家人当然需要我的服务，可是，没有一个人钻进我的纸箱子。我只好去疗愈想象出来的病人，医治各种各样的病痛，从一般的痛苦到特殊的疾病都有。我能记得的唯一特殊病症就是，有个我想象出来的病人喜欢学狗叫。我的家人觉得这些太搞笑了，直到我都长大成人了，还会提起这些往事。（顺便说一句，你可能会觉得我记性特别好，其实不然。但幸运的是，我有一个当记者的妈。我妈妈每天给当地报纸写专栏，我的这些冒险常常成为她的专栏素材。谢天谢地，她做了剪报，把上百篇专栏文章都留了下来。当我搜寻记忆，回想童年时代爱干的事儿的时候，这些资料简直像黄金一样珍贵啊。）

创业的乐趣：创造

当一名创业者的终极乐趣就是可以创造出人们认为有价值的东西，尤其是之前从来没有存在过的。我的纸板箱咨询中心没有得到客户的认可，但这样的东西之前从未存在过——起码在我生活的那部分世界是这样。发明出从来不存在的东西能带给我莫大的满足感，直到今天，也很少有事情能与之匹敌。从财务角度来看，我的有些发明创造赚到了数百万美元，但还有很多都彻底失败了。不过，从更广泛的意义上说，它们都是成功的，因为它们全都具备创造那"无中生有"的魅力。

进军鸡蛋产业

小学二年级的时候，我弄了个鸡蛋生意。这是我的第二次创业，依然以灾难性的结局告终，而且这事总让我想起那个名叫"蛋头先生"的矮胖墩儿。我妈妈给我买了几只鸡作为投资，我的计划是，先把头几批鸡蛋卖给邻居们，我亲自上门送货，把赚来的钱还给妈妈，然后我就可以进军鸡蛋产业去赚大钱了。

我低估了每天喂鸡和照顾鸡的工作量，但即便如此，计划还是带来了回报。母鸡们开始下蛋了，头几批送蛋业务一帆风顺。但有一天，我赶着去送货，结果在盖革先生家门口的台阶上绊了一跤，一屁股坐在随身带着的一打鸡蛋上，结果只好擦掉了整整一周的利润。

这件事过去没多久，我又遇到一起灾难：我的鸡逃跑了，害得我花了一整个炎热的下午，去左邻右舍把它们找回来。但我不知道的是，在短暂的自由期间，有几只鸡跑到一个邻居家，饱餐了一顿樟脑树的果实。结果我的下一批鸡蛋闻起来和吃起来活像是维克斯牌伤风膏。我的鸡蛋事业就快走到了终点。我妈妈开始动摇了，因为邻居们给她施压，说后院里养鸡太闹腾。最终她取缔了我的养鸡场，但我也没有太多不乐意。后来我们把鸡送给了相熟的农户。

我开始寻找其他的商业机会，没过多久就发现了一个，而且具备赚钱生意的一切特点。但很快我就学到了跟人们常说的老话刚好相反的东西。

当生活给你一颗柠檬，别做成柠檬水！

九岁那年，我摆了个卖柠檬水的小摊儿。很快我就学到了老话里蕴含的真理："地段决定一切。"我把街区的四个街角都试了一遍，终于找到了人流量最大的那一个。开张首日，我还学到了其他几条重要真理：

- 苍蝇热爱柠檬水。
- 在佛罗里达中部，冰块融化得特别快。
- 为了卖掉一大罐柠檬水，你得一直站在旁边打苍蝇。

不过，根据家人们的说法，这桩生意还有个问题：大部分利润被我喝掉了。我顺理成章地忘掉了这回事，但我估计里头颇有几分真实。要是你也在大夏天里一直站在一大罐冰凉的柠檬水旁边，你肯定也想喝几口吧。

涉足柠檬水行业几天后，我决定关闭公司，上别的地方寻找发财致富的机会。

终于，我找了一个靠谱的生意，并且作为正经八百的专业创业者，赚到了人生中的第一个一美元。业余新手与专业人士之间的区别很简单：一块钱。当你通过创业赚到了一块钱，从那一刻起你就是专业的创业者了。十岁那年，我得到了这个专业身份。

取得突破！

五年级后的那个夏天，我创立了我的第一家成功企业。我还学到了一些对每个企业家都无比有用的经验：从客户的角度看问题。我家隔壁邻居莱文先生是做西瓜和圣诞树生意的。你大概会想，这组合挺奇怪啊。但对一个半年生活在佛罗里达、半年生活在长岛的家伙来说，这一点都不奇怪。在佛罗里达过冬的时候，他把西瓜卖到北方去。在长岛过夏天的时候，他谈的生意就是在次年冬天把圣诞树用船运到佛罗里达。

我崇拜山姆·莱文的原因有好多。最重要的一条就是，他有一肚子故事：为了摆脱哥萨克人，他曾经徒步横穿俄罗斯；他在德国安顿下来，却遭遇了更多难以忍受的事情。除此之外，他还会说意第绪语、德语和俄语。而且他还能同时讲两部电话。莱文先生把一只听筒扣在大腿上，对着另一只狂飙意第绪语，然后又拿起第一个听筒，切换回英语。因为总是围着莱文先生打转，我学会了好些意第绪语里的骂人话，每当我想用新鲜词儿骂小伙伴的时候，我就用上它们。要是我没记错的话，臭毛贼（gonif）和倒霉蛋（schlemiel）是我最爱给别人起的外号。在我生活的那片街区，这两个词儿派用场的频率高得很。

我想到了一个主意：在经过小镇的高速路旁摆摊卖西瓜。很多年以后，贯穿佛罗里达的95号州际公路才开通，当年，往南去的汽车司机只能沿着27号高速，穿过一个又一个的小镇。每个小镇都有自己的测速区（传言说，我家那个小镇每年的预算，相当一部分靠的是超速罚金，逮的全都是往迈阿密去的北方人）。对于西瓜摊主来说，这简直就是梦想成真啊。我的摆摊地点那里车水马龙，全都是汗流浃背的汽车司机，只能遵守着当地每小时二十五英里的限速慢慢往前挪。

莱文先生先赊给我四个西瓜，我答应跟他平分利润。那年头，一整个西瓜可以卖二十五美分。

感谢好心肠的莱文先生，他给了我超级优惠的批发价，每个西瓜十美分。

我还记得，为了把硕大的西瓜运到高速旁的摊位上，我来回跑了四趟。开张第一天，我在佛罗里达的艳阳下站了一整天，举着"一个西瓜25美分"的牌子，却一个瓜都没卖出去。唉，别提我有多丧气了，尤其是我还得一个一个地把西瓜拉回到山坡上莱文先生家的车库去。

但当天晚上我有了个顿悟：人家不买西瓜，是因为没有看见立马就能得到的好处啊——当场就能咬一口脆甜多汁的西瓜！

灵感来了：要是我把西瓜切成八瓣，每块卖5美分呢？

第二天我尝试了这个新方法，然后我的西瓜就卖爆了。热得够呛的司机们看见高高举起的、汁水四溢的西瓜块，简直要谢天谢地。父母们跳下车来买上几块，拿给后座上尖叫的小乘客们。不到一小时，我的三十二块西瓜就卖完了，我来来回回地到山坡上跑了好多趟，去取更多的西瓜。

天气也站在我这边。那天的气温高得要命，正适合卖瓜。一天下来，我收进来3.75美元的硬币，我用个小袋子装着，到家之后，把那些分币一个个地摆在地板上点数。

如今，3.75美元估计都买不了一杯中杯的卡布奇诺，但在1955年可谓是一笔小小的财富。虽然自从那天起，我在创业上取得了不少成功，但我能告诉你的是，那天看着摊了一地的分币，我感受到了纯粹的欢乐，此后再没有什么能与之相提并论。那天让我心满意足的还有一件事，而且它的意义远远超过了金钱：当客人们在酷热的夏日里咬上一口又冰又甜的大西瓜，我看到了他们脸上洋溢的喜悦！把顾客想要的东西给他们是一回事，但看着他们当场咬上一大口，就是另一回事了——我心中涌起了甜蜜的满足感。那年我回学校的时候，账户里已经有差不多五十美元了。

我学到的东西

　　这些早年的冒险经历依然在指引着我。它们教会我关注一件事，现在，我把这件事视作值得第一号要务：创造能让人们生活得更美好的东西。我也会尽力创造能让他们脸上焕发光彩的东西，就像大热天咬到一块西瓜那样。我把关注点放在这些事情上，于是，每天起床的时候，我都清楚地知道，我要把时间用于创造价值和欢乐。如今，我已经在这样的意识状态中生活了好几十年。这就是我热爱的事，也是我希望你能拥有的状态。世上最好的工作，就是去做一点儿也不像工作的事。

致谢

深深地感谢我挚爱的人生伴侣，凯瑟琳·亨德里克斯。过去这三十年里，她陪伴我经历了一次又一次的探索，从中得到的启发促成了这本书的诞生。每过一年，我对她展现出的爱、善良和聪敏就又多了几分敬意。能生活在她的爱的场域，是我莫大的荣耀与幸运。就像我几乎每天都对她说的话："你让我感到，我是地球上最幸运的男人。"我要对全天下的人说一句："研究研究这个女人吧，她真的太了不起了。"

感谢我那些充满创意、古灵精怪、心中有爱的家人：阿曼达，克里斯和海伦，艾尔西和伊茉金；每一天你们都在我心间。我还要向我的母亲诺玛·亨德里克斯（Norma Hendricks）致敬，还有我的外婆丽贝卡·德勒·加勒特·卡纳迪（Rebecca Delle Garrett Canaday），外公埃尔默·雷·卡纳迪（Elmer Ray Canaday），几位姨妈：林德尔、凯瑟琳和奥德丽。

非常感谢我的经纪人邦妮·索洛（Bonnie Solow），她不只是我重要的工作伙伴，也是凯瑟琳和我的知心挚友。我也非常幸运地拥有一支好团队，领头人就是永不放弃、永不言败的莫妮卡·克拉耶夫斯卡（Monika Krajewska）。在你们的辅助下，我才能做到这些靠单枪匹马绝对做不到的事。向你们所有人致以无限的谢意。

图书在版编目（CIP）数据

不配得感：我们为什么会破坏自己的成功与快乐 /
（美）盖伊·亨德里克斯 (Gay Hendricks) 著；苏西译.
合肥：安徽人民出版社, 2025. 3. –– ISBN 978-7-212
-11834-1

Ⅰ. B848.4-49

中国国家版本馆 CIP 数据核字第 2025B20H25 号

THE BIG LEAP copyright © 2009 by International Literary Properties LLC
Published by arrangement with Taryn Fagerness Agency
through Bardon Media Management Agency LLC
Simplified Chinese translation copyright © 2025
by Hangzhou Blue Lion Cultural & Creative Co., Ltd.
ALL RIGHTS RESERVED

安徽省版权局著作权合同登记图字：12242183号

不配得感：我们为什么会破坏自己的成功与快乐
BUPEIDE GAN: WOMEN WEISHENME HUI POHUAI ZIJI DE CHENGGONG YU KUAILE

［美］盖伊·亨德里克斯　著　　苏　西　译

责任编辑： 郑世彦　张　旻
责任印制： 董　亮
装帧设计： 袁　园

出版发行： 安徽人民出版社 http://www.ahpeople.com
地　　址： 合肥市蜀山区翡翠路 1118 号出版传媒广场 8 楼
邮　　编： 230071
电　　话： 0551-63533259
印　　刷： 杭州钱江彩色印务有限公司

开本： 880mm × 1230mm　1/32　　**印张：** 7.625　　　**字数：** 140 千
版次： 2025 年 3 月第 1 版　　　2025 年 3 月第 1 次印刷

ISBN 978-7-212-11834-1　　　　　　　　　　**定价：** 59.00 元